图说

蔬菜无土栽培
关键技术

彭世勇　刘淑芳　于立杰　编著

U0387235

化学工业出版社

·北京·

内容简介

本书以文字、图片、实操动画等形式详细介绍了蔬菜无土栽培关键技术，包括基质槽培设施建造技术、基质袋培设施建造技术、立柱叠盆式基质培设施建造技术、多层床式立体水培设施建造技术、立体管道水培设施建造技术和立柱叠盆式水培设施建造技术。以此为基础，系统阐述了樱桃番茄和彩椒基质袋培技术、茄子有机生态型基质槽培技术、黄瓜和甜瓜基质槽培技术等果菜类蔬菜的无土栽培技术，木耳菜有机生态型基质槽培技术、苦苣菜平面深液流技术、油菜立柱叠盆式基质培技术与莴苣立柱叠盆式水培技术等叶菜类蔬菜的无土栽培技术，以及豌豆苗、萝卜芽等芽苗菜培育技术。

本书内容丰富，图文并茂，形象直观，实用性和可操作性强。适合农业院校、涉农企业、科研部门、农技推广站、蔬菜种植户及无土栽培爱好者阅读参考。

图书在版编目（CIP）数据

图说蔬菜无土栽培关键技术 / 彭世勇，刘淑芳，于立杰编著 . —北京：化学工业出版社，2023.7
ISBN 978-7-122-43270-4

Ⅰ.①图… Ⅱ.①彭…②刘…③于… Ⅲ.①蔬菜园艺 - 无土栽培 - 图解 Ⅳ.①S630.4-64

中国国家版本馆 CIP 数据核字（2023）第 062669 号

责任编辑：冉海滢　刘　军　　　文字编辑：李娇娇
责任校对：边　涛　　　　　　　　装帧设计：关　飞

出版发行：化学工业出版社
　　　　　（北京市东城区青年湖南街 13 号　邮政编码 100011）
印　　装：盛大（天津）印刷有限公司
880mm×1230mm　1/32　印张 5　字数 133 千字
2023 年 7 月北京第 1 版第 1 次印刷

购书咨询：010-64518888　　　　售后服务：010-64518899
网　　址：http：//www.cip.com.cn
凡购买本书，如有缺损质量问题，本社销售中心负责调换。

定　　价：49.80 元　　　　　　　　版权所有　违者必究

前言

　　无土栽培是一种以植物矿质营养学说为核心理论逐步发展和不断完善起来的体现先进生产力的农业新技术，在国外已被广泛采用。而我国无土栽培的研究、推广与应用则是在 20 世纪 70 年代后期才开始的，目前已被很多企事业单位、科研院所、农技推广部门及广大生产者所接受，种植面积逐年扩大，栽培作物的种类和质量也得到了大幅度提高。生产实践证明，无土栽培能够促使农作物实现高产、优质、高效和无污染化，产品符合绿色食品质量标准，也有利于实现工厂化生产和生产的规范化、标准化、集约化，是我国农业从传统农业向现代化农业转变的关键技术。

　　当今，无土栽培最多的作物是蔬菜，包括果菜类蔬菜和叶菜类蔬菜。随着无土栽培技术的日益发展，越来越多的单位及个人需要相关的理论知识与实践操作技能。为了便于广大无土栽培生产单位和个人熟悉和掌握蔬菜无土栽培理论知识与操作技能，我们编写了本书。

　　本书采用了图片展示、操作动画演示加文字说明等形式，在介绍无土栽培常见设施结构、规格、设计与建造方法的基础上，详细阐述了樱桃番茄、彩椒等果菜类蔬菜无土栽培技术和木耳菜、苦苣菜等叶菜类蔬菜无土栽培技术，以及豌豆苗、萝卜芽等芽苗菜培育技术。本书内容丰富，图文并茂，形象直观，且与生产实践紧密联系，注重可操作性及实用性，强调关键技术的训练。读者如能精研其中内容，并付诸实践，定可事半功倍，取得理想的栽培效果。

　　由于编著者水平有限，书中难免存在不足之处，恳请广大读者及专家提出宝贵的建议与意见，以便再版时修正。

编著者

2023 年 1 月

第 1 章 / 001
蔬菜无土栽培设施建造技术

1.1 基质槽培设施建造技术 / 002

1.1.1 种植槽 / 002

1.1.2 栽培基质 / 003

动画：固体基质的消毒方法 / 003

1.1.3 滴灌系统 / 003

1.1.4 贮液池 / 006

1.2 基质袋培设施建造技术 / 007

1.2.1 栽培袋 / 007

1.2.2 栽培基质 / 008

1.2.3 滴灌系统 / 008

1.2.4 贮液池 / 009

1.3 立柱叠盆式基质培设施建造技术 / 010

1.3.1 排液槽和栽培立柱 / 010

动画：立柱叠盆式基质栽培设施建造
技术 / 010

1.3.2 供液系统 / 013

1.3.3 贮液罐 / 013

1.4 多层床式立体水培设施建造技术 / 015

1.4.1 立体栽培床架 / 015

1.4.2 水培床 / 015

1.4.3 循环供液系统 / 016

1.4.4　贮液池 / 017

1.5　立体管道水培设施建造技术 / 018

1.5.1　设施结构和建造方法 / 018

动画：单面墙式立体管道水培设施
制作 / 018

动画：多层床式立体管道水培设施建造
技术 / 018

动画：阶梯式立体管道水培设施技术
建造 / 018

1.5.2　栽培范围与效果 / 021

1.6　立柱叠盆式水培设施建造技术 / 025

1.6.1　种植槽 / 025

1.6.2　栽培立柱 / 026

1.6.3　循环供液系统 / 027

1.6.4　贮液池 / 028

第 2 章 / 029
果菜类蔬菜
无土栽培技术

2.1　樱桃番茄基质袋培技术 / 030

2.1.1　无土栽培方式 / 030

2.1.2　生物学特性 / 030

动画：总状花序与复总状花序 / 032

2.1.3　栽培季节和品种选择 / 035

2.1.4　育苗与定植 / 036

动画：播种育苗技术 / 036

2.1.5　定植后管理 / 037

动画：营养液母液的配制技术 / 037

动画：利用母液配制工作液 / 037

动画：樱桃番茄植株调整技术 / 037

动画：番茄常用的整枝方式 / 037

2.1.6 采收 / 041

2.2 彩椒基质袋培技术 / 043

2.2.1 生物学特性 / 043

2.2.2 栽培季节和品种选择 / 046

2.2.3 播种育苗 / 048

2.2.4 定植 / 049

2.2.5 定植后管理 / 049

2.2.6 采收 / 051

2.3 茄子有机生态型基质槽培技术 / 052

2.3.1 设施结构 / 052

2.3.2 生物学特性 / 053

2.3.3 栽培季节、栽培类型与品种 / 057

2.3.4 育苗及定植 / 059

2.3.5 定植后管理 / 060

2.3.6 采收 / 062

2.4 黄瓜基质槽培技术 / 064

2.4.1 无土栽培方式 / 064

2.4.2 生物学特性 / 064

2.4.3 栽培季节和品种选择 / 068

2.4.4 育苗与定植 / 068

2.4.5 定植后管理 / 069

2.4.6 采收 / 070

2.5 甜瓜复合基质槽培技术 / 072

2.5.1 生物学特性 / 072

2.5.2 栽培季节和品种选择 / 074

2.5.3 育苗及定植 / 074

2.5.4 定植后管理 / 075

动画：甜瓜常用的整枝技术 / 075

2.5.5 采收 / 077

2.6 草莓无土栽培技术 / 078

2.6.1 无土栽培方式 / 078

2.6.2 生物学特性 / 079

2.6.3 栽培季节和品种选择 / 085

2.6.4 育苗与定植 / 085

2.6.5 定植后管理 / 087

2.6.6 采收 / 088

第 3 章 / 089
叶菜类蔬菜无土栽培技术

3.1 木耳菜有机生态型基质槽培技术 / 090

3.1.1 特征特性 / 090

3.1.2 栽培季节和品种选择 / 091

3.1.3 育苗与定植 / 092

3.1.4 定植后管理 / 094

3.1.5 采收 / 096

3.2 苦苣菜平面深液流技术 / 099

3.2.1 特征特性 / 099

3.2.2 栽培季节和品种选择 / 100

3.2.3 播种育苗 / 101

3.2.4 移栽及移栽后的管理 / 101

3.2.5 采收 / 102

3.3 空心菜有机生态型基质槽培技术 / 104

3.3.1 特征特性 / 105

3.3.2 栽培季节、栽培类型与品种 / 105

3.3.3 育苗及定植 / 106

动画：扦插育苗技术 / 107

3.3.4 定植后管理 / 108

3.3.5 采收 / 108

3.4 油菜立柱叠盆式基质培技术 / 110

3.4.1 生物学特性 / 110

3.4.2 栽培季节和品种选择 / 112

3.4.3 育苗与定植 / 112

3.4.4 营养液管理 / 113

3.4.5 采收 / 113

3.5 芹菜多层床式立体水培技术 / 114

3.5.1 栽培设施 / 114

3.5.2 生物学特性 / 114

3.5.3 栽培季节和品种选择 / 116

3.5.4 播种育苗 / 117

3.5.5 定植及定植后的管理 / 117

3.5.6 采收 / 118

3.6 莴苣立柱叠盆式水培技术 / 119

3.6.1 无土栽培方式 / 119

3.6.2 生物学特性 / 120

3.6.3 栽培季节和品种选择 / 123

3.6.4 播种育苗 / 123

3.6.5 移栽 / 123

3.6.6　营养液管理 / 124

3.6.7　采收 / 125

第 4 章 / 127
芽苗菜无土栽培技术

4.1　芽苗菜生产概述 / 128

4.1.1　芽苗菜的含义与类型 / 128

4.1.2　芽苗菜的生产优点 / 129

4.1.3　芽苗菜生产的基本设施与设备 / 130

4.1.4　芽苗菜生产的基本过程 / 134

4.1.5　芽苗菜生产的技术关键 / 135

4.2　芽苗菜生产例举 / 136

4.2.1　豌豆苗 / 136

动画：龙须豌豆苗的栽培技术 / 136

4.2.2　萝卜芽 / 139

4.2.3　绿豆芽 / 141

4.2.4　花生芽 / 144

4.2.5　香椿芽 / 145

4.2.6　刺嫩芽 / 146

动画：刺嫩芽芽菜的生产过程 / 147

参考文献 / 149

第1章

蔬菜无土栽培设施建造技术

1.1 基质槽培设施建造技术

1.2 基质袋培设施建造技术

1.3 立柱叠盆式基质培设施建造技术

1.4 多层床式立体水培设施建造技术

1.5 立体管道水培设施建造技术

1.6 立柱叠盆式水培设施建造技术

基质槽培,就是将基质装入一定规格、一定容积的栽培槽中以种植作物的无土栽培方式。基质槽培的设施结构主要包括种植槽、栽培基质、滴灌系统和贮液池等。其组成的具体规格及建造方法如下。

1.1.1 种植槽

可在温室内整平夯实的地面上用砖块与水泥砌成永久性种植槽(图 1-1),或只用砖块垒成临时性种植槽(图 1-2),或用硬质塑料板拼装成定型的种植槽(图 1-3),也可在地面上直接挖出简易的栽培槽。除定型种植槽外,一般槽内径宽为 72 ~ 96cm,槽深为 20 ~ 25cm,槽长依温室跨度而定。栽培槽的坡降一般为 1:200,槽间过道宽为 48cm。此外,在填装基质之前,栽培槽应内衬 1 ~ 2 层厚为 0.1mm 的塑料薄膜(图 1-4),以防营养液渗漏,且隔绝土传病害。

图 1-1　永久性种植槽　　　　图 1-2　临时性种植槽

图1-3　用硬质塑料板拼装成的定型种植槽

图1-4　种植槽内衬塑料薄膜

1.1.2　栽培基质

常用的栽培基质有蛭石∶草炭＝1∶2、炉渣∶沙子∶草炭＝2∶1∶2，或珍珠岩∶蛭石∶草炭＝1∶1∶3等。基质组配好后，即可装槽（图1-5、图1-6）。在正式使用之前，基质须进行太阳能消毒。

固体基质的
消毒方法

1.1.3　滴灌系统

基质装填好之后，整平基质表面，然后布设滴灌软管，组装成滴灌系统（图1-7 ～图1-9）。滴灌系统通常是由水泵、供液管道、过滤器、压力表以及阀门等构成的。

图1-5　组配基质

图1-6　基质填入栽培槽

图1-7　整平槽面

图1-8　布设滴灌软管

图1-9　滴灌系统的首部

（1）**水泵** 宜选用抗腐蚀性强的潜水泵、自吸泵，最好是塑料泵。其功率大小根据所需水头压力、出水口的数量以及连接管道的数量而定，或以温室面积来推定。一般在 1000 ~ 2000m² 的温室中，可选用 1 台直径为 2.5 ~ 5.0cm、功率为 1.5kW 的自吸泵。如果是 400m² 的温室或大棚，选用 1 台功率为 550W 的水泵即可。长期进行无土栽培时，要经常检查水泵是否被堵塞，以及被腐蚀程度，必要时应及时更换新的，否则会影响水泵的功效。

（2）**供液管道** 供液管道将贮液池中的营养液输送到各种植槽，以满足作物的营养需求。供液管道一般分为供液主管、供液支管和滴灌软管等。

供液管道通常为塑料制品，以节省资金和防腐蚀，管径大小不一，材质主要有聚氯乙烯（PVC）和聚乙烯（PE）两种。PVC 管硬，耐压，需用 PVC 胶粘接。PE 管较软，较耐压，一般通过外锁式与 PE 管件相连。供液主管、供液支管一般选用直径为 2.5 ~ 4.0cm 的 PVC 或 PE 管。滴灌软管为黑色聚乙烯塑料管，直径为 1.2 ~ 1.7cm，是滴灌系统最末的一级管道，平铺于种植槽内基质的表面上。内径宽为 72 ~ 96cm 的种植槽，可布设 2 ~ 3 条滴灌软管。

（3）**过滤器** 过滤器主要有筛网式过滤器（图 1-10）及叠片式过滤器（图 1-11）两种类型。根据供液管道首部和与之相连的管径大小，选用不同规格的过滤器，一般选用的口径在 2.5 ~ 4.0cm 之间。相对而言，

图 1-10　筛网式过滤器

图 1-11　叠片式过滤器

叠片式过滤器较筛网式过滤器过滤效果好，使用寿命也长，故宜选用叠片式过滤器。

1.1.4 贮液池

贮液池的容积，要根据栽培作物的生产面积、栽培种类来确定。一般每亩（1亩≈666.7m²）的生产面积需要建造一个能盛装20～25t营养液的贮液池。

池底及四周由混凝土水泥砂浆砖砌而成，用高标号耐腐蚀的水泥砂浆抹面（图1-12），并在贮液池内壁涂抹防水材料，以防止营养液渗漏。池口要高出地面15～20cm，并加以覆盖，避免混入杂物（图1-13）。

图1-12　用高标号水泥砂浆抹面　　图1-13　贮液池加盖

1.2

基质袋培设施建造技术

基质袋培除了基质装在栽培袋中以外，其他组成与槽培相似。

1.2.1 栽培袋

栽培袋通常由抗紫外线的聚乙烯塑料薄膜（厚0.1mm）制成，至少可使用3年。在光照较强的地区，塑料袋表面以白色为好，以便反射阳光增强植株基部光照强度并防止基质升温。而在光照较弱的地区，塑料袋表面则以黑色为好，以利于冬季吸收热量，提高袋中基质的温度。

栽培袋通常有三种：

（1）桶状栽培袋 将直径为30～35cm的塑料筒膜剪成35cm长，用塑料薄膜封口机或电熨斗将一端封严，填入基质即可使用（图1-14）。

（2）枕头状栽培袋 将直径为30～35cm的塑料筒膜剪成70～100cm长，先封严一端，装入基质后再封严另一端即可（图1-15）。

图1-14　桶状栽培袋

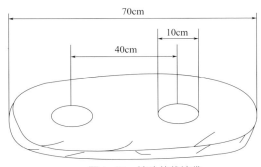

图1-15　枕头状栽培袋

（3）长条状栽培袋 将塑料薄膜裁成 85 ～ 90cm 宽的长条形，装填基质后，沿长向把两侧叠起，每隔 1.0m 左右用撕裂绳扎紧制作而成（图 1-16）。可用于普通温室或大型连栋温室。

图 1-16　长条状栽培袋

1.2.2　栽培基质

袋培的基质组配与填装基本和前述槽培相似，可参考基质槽培中的相关内容。

1.2.3　滴灌系统

在袋培滴灌系统安装前，应先将温室的整个地面铺上乳白色或白色朝外的黑白双色塑料薄膜，以便将栽培袋与土壤隔开，同时有利于冬季生产增加室内的光照强度。然后将栽培袋按照一定的行距摆放整齐。枕头状栽培袋摆放后，在袋上开两个直径为 10cm 的定植孔，两孔的中心距离为 40cm，将来每孔定植 1 株作物。植株定植后再安装滴灌系统。

每株至少设置 1 个滴头。无论是桶状袋培还是枕头状袋培，在袋的底部或两侧都应开出 2 ～ 3 个直径为 0.5 ～ 1.0cm 的小孔，以便多余的营养液能从孔中渗透出来，防止沤根（图 1-17）。

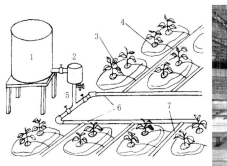

图 1-17　番茄枕头状袋培滴灌系统示意图

1—营养液罐；2—过滤器；3—水阻管；4—滴头；5—主管；6—支管；7—毛管

　　长条状栽培袋则是在装填基质后铺设滴灌管或滴灌软带，然后再将塑料两侧向上卷合，扎紧（图 1-18）。

图 1-18　长条状栽培袋铺设滴灌软管

1.2.4　贮液池

　　容积设计和建造方法同基质槽培。

1.3

立柱叠盆式基质培设施建造技术

立柱叠盆式基质培设施主要包括排液槽、栽培立柱、供液系统和贮液罐四部分。

1.3.1 排液槽和栽培立柱

立柱叠盆式基质栽培设施建造技术

每条排液槽由槽底和四周的槽框构成。每个栽培立柱则是由水泥墩底座、固定柱和若干个穿于其中上下垛叠的花盆组成。可根据栽培面积的需求，具体设置栽培立柱的行数。排液槽和栽培立柱的建造方法如下。

（1）建排液槽槽底，埋固定柱 先将温室内地面整平夯实，沿跨度方向用水泥混凝土砌出若干个排液槽的槽底，槽底厚为 5.0cm、宽为 40cm、长为 7.0m。然后在槽底上每隔 1.1m 的间距砌一个直径为 15cm 的圆形水泥墩，厚为 3.0cm，砌水泥墩的同时预埋入一根直径为 2.0cm、高为 1.8m 的镀锌铁管，作为固定柱（图 1-19）。

图 1-19 建排液槽槽底，埋固定柱

（2）花盆上固定柱，建排液槽框　将准备好的彩色花盆（图 1-20）一只只套入固定柱上，每个固定柱需 12 只。要求固定柱上花盆的突出部位（即栽培穴）上下错开，盆与盆之间的凹凸口结合牢固，使数个花盆成为一个整体，左右旋转自如（图 1-21）。同时在每个排液槽槽底的四周用水泥砖砌出槽框，建成完整的排液槽，槽深为 15cm。槽与槽之间的作业道宽为 50cm（图 1-22）。

图 1-20　彩色花盆

图 1-21　花盆套入固定柱

图 1-22　建造好的排液槽和作业道

（3）**花盆填装基质，构成完整的栽培立柱** 可选用单一基质如炉渣或食用菌废料，也可用珍珠岩：蛭石：草炭＝1∶1∶3组配而成的复合基质（图1-23）。北方地区炉渣来源广泛，价格低廉，是比较实用的栽培基质。基质混拌均匀后，填入每只花盆中，注意基质填装的深度略低于盆沿1.0cm（图1-24），这样就构成了一个一个完整的栽培立柱（图1-25）。

图1-23　组配复合基质　　　　　　　图1-24　花盆填装基质

图1-25　填装好基质的栽培立柱

1.3.2 供液系统

供液系统主要由水泵、供液总管、供液支管和供液毛管组成（图1-26），开放式输送营养液。

图1-26 供液系统的组成

供液总管（直径为4.0cm的PVC管）一端通过阀门与贮液罐内的水泵相连，另一端通过阀门分别和垂直于各排栽培立柱前端的供液支管（直径为2.5cm的PVC管）相连，各供液支管再与行内位于各排栽培立柱上方的供液毛管（直径为2.5cm的PE管）相接。在距每个栽培立柱上部较近位置的供液毛管上顺次钻出三个直径约为0.3cm的小孔，通过嵌入式接头与三根滴管连接，其中第一根滴管通到上部第一个花盆内，剩余两根通到第二只花盆内，以便供液均匀。在供液时营养液经供液总管→供液支管→供液毛管→滴管流入花盆。营养液流量由各供液支管上的阀门控制，定量供应，多余的营养液自上而下通过各花盆底部的排液孔依次渗流至排液槽内。

1.3.3 贮液罐

贮液罐为白色硬质塑料罐，容量为2t。将其大部分埋于地下，少部分露在地面之上，以方便配制营养液和保持营养液温度比较稳定（图 1-27）。

图 1-27　贮液罐

1.4
多层床式立体水培设施建造技术

　　多层床式立体水培设施通常是由立体栽培床架、水培床、循环供液系统和贮液池四部分组成。

1.4.1　立体栽培床架

　　每个立体栽培床架是用镀锌角铁焊接而成的，长为7.5m，宽为66cm，高为1.7m，可安装三层水培床（种植区），层间距为63cm（图1-28）。

图1-28　立体栽培床架

1.4.2　水培床

　　每层水培床由床底和定植板两部分组成。床底与定植板各分为若干小块，均用2.0cm厚的苯板定制而成（图1-29），经拼接组装成符合规格要求的水培床（图1-30）。

图 1-29　小块的床底和定植板　　　图 1-30　水培床

床底上面覆盖定植板，定植板上有定植孔，用以定植作物（图 1-31）。供液时，营养液通过循环流动系统自上而下输送给各水培床的作物，最后回收入贮液池。

1.4.3　循环供液系统

循环供液系统主要由水泵、供液管道、回液管道和定时器组成，供液管道（图 1-32）可分为供液总管、供液支管及供液毛管等。

图 1-31　定植板　　　　　　　图 1-32　供液管道

1.4.4 贮液池

按每株叶菜类蔬菜占液 1L，计算出整个种植系统所需的全部营养液后，以此来设计贮液池的容积。一般每亩的栽培面积需要一个能盛装 10t 左右营养液的贮液池（图 1-33）。其建造方法可参考本章 1.1 节的相关内容。

图 1-33　建造中的贮液池

1.5

立体管道水培设施建造技术

国内现有的多数立体管道水培设施虽然观赏价值很高，但其设施结构往往过于复杂，造价十分昂贵，较适用于休闲观光农业。如将其结构进一步简化，组配更加容易，必能大幅度降低建造成本，亦使立体管道水培技术更利于推广和普及。

1.5.1　设施结构和建造方法

立体管道水培设施主要是由立体栽培架、栽培管，以及供液管道、回液管道构成。

（1）**建造立体栽培架**　准备好直径为 4.0cm 的 PVC 塑料管、直径为 5.0cm 的 PVC 塑料管、PVC 胶水、PVC 塑料三通、PVC 塑料弯头、电锯、钢卷尺、记号笔、清洁布等材料和工具，按照设计图纸（图 1-34 ～图 1-39）的要求切割塑料管，然后用 PVC 胶水粘接成不同类型立体管道水培设施的栽培架。

（2）**制作栽培管，粘接供、回液管道**　栽培架建造好之后，以直径为 11.0cm（或直径为 9.0cm）的 PVC 塑料管、直径为 11.0cm 变直径为 4.0cm 的 PVC 塑料异径接头（直径为 9.0cm 变直径为 4.0cm 的塑料异径接头）、直径为 4.0cm 的 PVC 塑料弯头、

单面墙式立体管道水培设施制作

多层床式立体管道水培设施建造技术

阶梯式立体管道水培设施建造技术

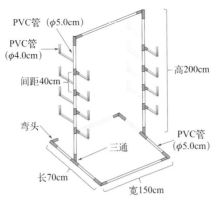

图1-34 双面墙式立体管道水培栽培架

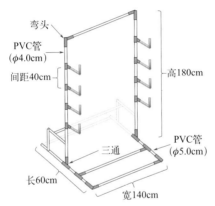

图1-35 单面墙式立体管道水培栽培架

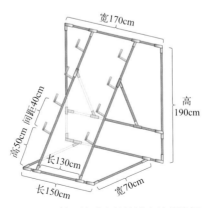

图1-36 斜面墙式立体管道水培栽培架

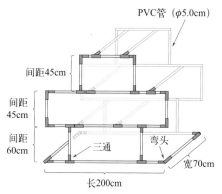

PVC管（φ5.0cm）

间距45cm

间距
45cm

间距
60cm

三通

弯头

宽70cm

长200cm

图1-37　多层床式立体管道水培栽培架

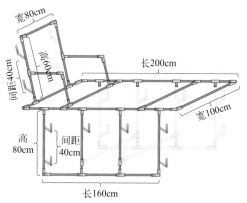

宽80cm

间距40cm

高60cm

长200cm

宽100cm

高
80cm

间距
40cm

长160cm

图1-38　躺椅式立体管道水培栽培架

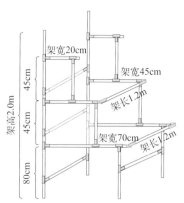

架宽20cm

架宽45cm

45cm

45cm

80cm

架高2.0m

架长1.2m

架宽70cm

架长1.2m

图1-39　阶梯式立体管道水培栽培架

直径为 4.0cm 的 PVC 塑料管等作为主要材料，以电锯、电钻（配一个直径为 2.2cm 的开孔器）、卷尺、记号笔、清洁布等作为主要工具，将直径为 11.0cm（或直径为 9.0cm）的 PVC 塑料管切割、打孔，并粘接好 PVC 塑料异径接头，制作成栽培管。然后把栽培管安放在栽培架上，用 PVC 胶水和其他材料再粘接好供、回液管道，即成不同类型的中、小型立体管道水培设施（图 1-40 ～图 1-45）。

图 1-40　双面墙式立体管道水培设施

图 1-41　单面墙式立体管道水培设施

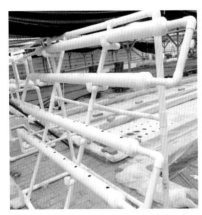
图 1-42　斜面墙式立体管道水培设施

图 1-43　多层床式立体管道水培设施

1.5.2　栽培范围与效果

上述立体管道水培设施适合种植绝大多数叶菜类蔬菜，如莴苣、苦

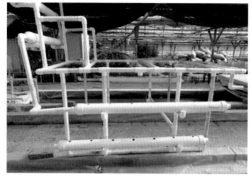

图1-44 躺椅式立体管道水培设施　　图1-45 阶梯式立体管道水培设施

莴菜、西芹、本芹、叶用甜菜、油菜、京水菜、油麦菜、小白菜、苋菜和空心菜等，不仅栽培效果良好，而且具备很高的观赏价值（图1-46～图1-55）。

图1-46 双面墙式立体管道水培莴苣　　图1-47 双面墙式立体管道水培苦苣菜

图1-48 双面墙式立体管道水培木耳菜

图1-49　单面墙式立体
　　　　管道水培莴苣

图1-50　斜面墙式立体管道水培蕹菜

图1-51　多层床式立体
　　　　管道水培蕹菜

图1-52　多层床式立体管道水培苦苣菜

图1-53　躺椅式立体管道水培莴苣

图1-54　躺椅式立体管道水培蕹菜

图 1-55　阶梯式立体管道水培蕹菜

1.6

立柱叠盆式水培设施建造技术

　　立柱叠盆式水培结合平面深液流栽培，不仅可以节省空间，增加产量，提高经济效益，还具备观赏性，成为发展旅游休闲农业的一项重要技术。

　　立柱叠盆式水培设施主要由种植槽、栽培立柱、循环供液系统和贮液池等几部分组成。

1.6.1　种植槽

　　种植槽用来做漂浮水培，一般宽为 100 ～ 120cm、深为 15 ～ 20cm，长度视温室的空间而定，坡降为 1∶100，槽间距为 48 ～ 60cm（图 1-56）。先将地面整平、夯实，槽底铺 5.0cm 厚水泥混凝土，槽底及四周边框用砖、水泥砂浆砌成，再用高标号水泥砂浆抹面，在槽的低端预埋营养液回流管。槽内铺 1 层黑色塑料，以防营养液渗漏和稳定其 pH 值。定植板采用高密度聚苯乙烯泡沫塑料板制作而成，规格为长 × 宽 × 厚＝

图 1-56　种植槽

200cm×100cm×2.5cm，按 15cm×20cm 的株行距在其上打孔（圆形定植孔，直径为 2.0cm，图 1-57），然后漂浮在槽内的营养液中（图 1-58）。

图 1-57 制作定植板

图 1-58 将定植板漂浮于种植槽内的液面上

1.6.2 栽培立柱

由塑料圆形底座、镀锌铁管（直径为 2.5cm、高为 2.0m）和硬质塑料盆三部分构成。塑料圆形底座直径为 14.5cm，沿槽长方向分两排平放在栽培槽内，镀锌铁管竖插在底座的圆形凹穴（直径为 3.0cm、深为

2.0cm）内，每 10 ～ 12 只塑料盆（图 1-59）套在一根铁管上，上下垛叠互相嵌合成一个整体，即为栽培立柱（图 1-60）。立柱上端固定在空中拉直的 8 号铁丝上，两排立柱行距为 70 ～ 90cm，每排两个立柱前后间距为 1.0m。镀锌铁管上部装有淋头，每个栽培立柱的淋头通过供液毛管串联在一起，成一直行。

图 1-59　用于立柱水培的塑料盆

图 1-60　栽培立柱

1.6.3　循环供液系统

营养液循环供液系统包括供液、回流系统两部分。供液系统由水泵、压力表、过滤器、供液主管、阀门、供液支管、供液毛管和淋头构成（图 1-61）。主管为直径 4.0 ～ 5.0cm 的硬质 PVC 塑料管，固定在温室内空中的框架上。支管为直径 2.5 ～ 3.0cm 的硬质 PVC 塑料管，横

图 1-61　安装供液系统

走于每排立柱的前端。毛管为直径 1.6cm 的软质 PE 塑料管，一端与支管相接，其他部分则分段与安装在立柱铁管顶部的滴液淋头相连，末端反折后扎牢。回流系统由各栽培槽的回流支管（直径为 5.0cm 的 PVC 塑料管）、阀门及回流主管（直径为 9.0cm 的 PVC 塑料管，坡降为 1∶50）构成。

1.6.4　贮液池

容积按每株叶菜类蔬菜如莴苣、苦苣菜等占 1L 营养液计算，每亩的水培面积需要一个能盛装 20 ～ 25t 营养液的贮液池。

第2章

果菜类蔬菜无土栽培技术

2.1 樱桃番茄基质袋培技术

2.2 彩椒基质袋培技术

2.3 茄子有机生态型基质槽培技术

2.4 黄瓜基质槽培技术

2.5 甜瓜复合基质槽培技术

2.6 草莓无土栽培技术

2.1

樱桃番茄基质袋培技术

樱桃番茄（*Lycopersicon esculentum* Mill.）又称迷你番茄、小番茄，是茄科（Solanaceae）番茄属（*Lycopersicon*）番茄半栽培亚种中的一个变种。我国近几年从国外引入，南、北方均能栽培，以成熟果实供食用，酸甜可口，营养丰富，完熟果实的糖度达 7～8 度，可当水果生食，也可当菜肴食用，或可制作为罐头食品。近年来在国内种植面积日渐扩大，深受普通百姓和餐饮业的欢迎。

2.1.1　无土栽培方式

水培、岩棉培或其他基质培等无土栽培模式都适用于樱桃番茄的无土栽培。水培樱桃番茄的早熟效益更为明显，增产潜力最大，产品光泽度好，果形整齐，但水培一次性投资比基质培大，水肥日常开支也高，而且栽培技术难度大。与水培相比岩棉培较容易，栽培效果也好，但和水培一样，一次性投资较大，就目前的经济水平而言，大面积进行樱桃番茄无土栽培还是使用简易基质栽培的模式为宜，如复合基质袋培、槽培等，复合基质一般为珍珠岩＋草炭（1∶3）等。

2.1.2　生物学特性

（1）植物学特征

① 根　樱桃番茄的根系发达，为直根系，具深根性，主根入土深达 1.5m 以上，但大部分根群分布在 30～50cm 的土层中。根的再生能力强，适合育苗移栽。

② 茎　樱桃番茄的茎为半蔓性或半直立性（图 2-1），个别品种为直立性，属合轴分枝，茎的分枝能力强。节和节间上易生不定根（图 2-2），因此在生产上，樱桃番茄除主要采用播种育苗外，也可剪取枝条进行扦插育苗。

图 2-1　樱桃番茄的茎　　　　　图 2-2　樱桃番茄茎的节和节间易生不定根

③ 叶　单叶，互生，叶羽状深裂或全裂，每叶有小裂片 5～9 对（图 2-3）。樱桃番茄的叶片及茎上均有毛和分泌腺，能分泌有特殊气味的汁液，菜青虫等因恶其味而不为害，虫害较少。

图 2-3　樱桃番茄的叶

④ 花 樱桃番茄的花为完全花，两性，小花黄色（图2-4），聚伞花序（普通番茄品种）、总状花序或复总状花序（樱桃番茄品种，图2-5、图2-6）。自花授粉，天然杂交率在4%～10%之间。

⑤ 果实及种子 樱桃番茄果实的颜色有深黄色、粉红色、黑色、橙红色、紫色、绿色等（图2-7）；形状有圆形、扁圆形、长圆形、李形、梨形、樱桃形、

图2-4 樱桃番茄的小花

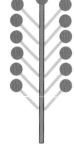

图2-5 樱桃番茄的总状花序

辣椒形、牛心形等。樱桃番茄的种子扁平、肾形，表面被灰褐色或黄褐色绒毛，千粒重为 2.7 ～ 3.3g，发芽寿命为 3 ～ 4 年。

图 2-6　樱桃番茄的复总状花序

图 2-7　樱桃番茄的果实

（2）生育周期

① 发芽期　从播种到第一片真叶显露（破心）为樱桃番茄的发芽期（图 2-8）。在正常温度条件下这一时期为 7 ～ 9d。

② 幼苗期　从第一片真叶显露至第一花序现蕾（图 2-9）。需 50 ～ 60d。

图 2-8 处于发芽期的樱桃番茄植株	图 2-9 处于幼苗期的樱桃番茄植株

③ 始花坐果期 从第一花序现蕾到第一穗果坐住（图 2-10）。需 15 ～ 30d。

第一穗果

第一穗果

图 2-10 处于始花坐果期的樱桃番茄植株

④ 结果期 从第一穗果坐住至采收（拉秧）结束（图 2-11）。需 2 ～ 3 个月。

（3）对环境条件的要求

① 温度 樱桃番茄是喜温性蔬菜，种子发芽适温为 25 ～ 30℃，

图 2-11　处于结果期的樱桃番茄植株

在 11 ～ 40℃范围内均可发芽，种子发芽具有嫌光性。生育适温白天为 23 ～ 28℃，夜间为 13 ～ 18℃。樱桃番茄的幼根 6℃开始伸长，8℃就可以发生根毛，20 ～ 23℃是根生长最适温度。

②光照　樱桃番茄是喜光作物，光饱和点为 70000lx，光补偿点为 1500lx，最适光照强度为 30000 ～ 50000lx。樱桃番茄对光周期要求不严格，多数品种属日中性植物，在 11 ～ 13h 的日照下开花较早，植株生长健壮。

③水分　樱桃番茄的根系具有半耐干旱的特性，既需要较多的水分，但又不必经常大量灌溉。一般基质湿度以 60% ～ 85%、空气湿度以 50% ～ 65% 为宜。

④ pH 值　基质的 pH 值以 6 ～ 7 为宜。

2.1.3　栽培季节和品种选择

（1）栽培季节　无土栽培樱桃番茄，一年主要有两种茬口类型。一种是一年二茬制，即春樱桃番茄和秋樱桃番茄。另一种是一年一茬制，即越冬长季节栽培的樱桃番茄。春樱桃番茄可于当年的 11 ～ 12 月份播种育苗，翌年的 1 ～ 2 月份定植，4 ～ 7 月份采收。秋樱桃番茄于 7 月份播种育苗，8 月份定植，10 月至第二年的 1 月份采收。越冬长季节樱桃番茄于 8 月份播种育苗，9 月份定植，11 月至第二年的 7 月份采收。

（2）品种选择 最好选择无限生长的类型，可供选用的品种有圣女、金币、艾丽斯、金盾、绿葡萄、绿珍珠、小龙女、红宝石、绿宝石、季红等。

2.1.4 育苗与定植

可采用塑料钵或塑料穴盘育苗。冬季和早春日历苗龄一般为 2 个月左右，夏季苗龄一般为一个半月左右。当幼苗具有 5 ～ 7 片真叶时即可定植（图 2-12），定植时株距为 35 ～ 40cm，行距为 60 ～ 70cm（图 2-13）。

播种育苗技术

图 2-12　樱桃番茄适龄壮苗

图 2-13　樱桃番茄幼苗定植

技 术 提 示

樱桃番茄幼苗定植要点：轻捏育苗钵中下部一圈，将樱桃番茄苗带坨脱出，然后移栽于定植穴中，覆盖基质高于苗坨表面 1cm 即可。

2.1.5 定植后管理

（1）营养液管理

① 配方　选用日本山崎番茄营养液配方。

② 浓度调整　缓苗后用标准配方的 1 个剂量。第一穗果坐住后提高至 1.2 个剂量，第二穗果坐住后增加至 1.5 个剂量，第三穗果坐住后再提高到 1.8 ～ 2.0 个剂量。

③ 供液次数　定植缓苗后，1 次 /2d。第一穗果坐住后，1 ～ 2 次 /d。

（2）环境调控

① 温度　缓苗前，昼温保持在 30℃。缓苗后，昼夜温度均较缓苗前低 2 ～ 3℃。结果期，昼温为 25 ～ 28℃，夜温为 15 ～ 18℃。

② 湿度　基质湿度：70% ～ 80%。空气湿度：50% ～ 65%。

③ 光照　保持最适光照强度为 30000 ～ 50000lx。

（3）植株调整

番茄常用的整枝方式一般有单干整枝、改良单干整枝和双干整枝三种，设施无土栽培樱桃番茄，一般采用单干整枝的方式，即一株番茄只保留一个主干，其余的侧枝都要及时打掉（图 2-14）。当樱桃番茄株高 30 ～ 35cm 时，开始吊蔓，将撕裂绳一端系在樱桃番茄植株的茎基部，另一端系于温室顶部的铁丝上，两端均应为活扣（图 2-15）。以后随着樱桃番茄植株的生长，每隔 2 ～ 3 节沿逆时针方向绕 1 次蔓，最好绕在花序下面的一个节上（图 2-16）。番茄茎节上产生侧枝的能力较强，因侧枝消耗营养，还要及时打掉，称为打杈（图 2-17）。

营养液母液的配制技术

利用母液配制工作液

樱桃番茄植株调整技术

番茄常用的整枝方式

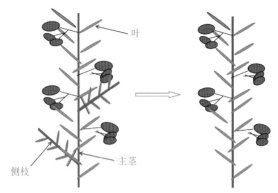

图 2-14 樱桃番茄单干整枝

图 2-15 樱桃番茄吊蔓

图 2-16 樱桃番茄绕蔓

图 2-17　樱桃番茄打杈

　　樱桃番茄易落花、落果，为提高产量，可用振荡花序的方法或用10～20mg/L 的 2,4-D 溶液蘸花、涂花，可取得很好的保花、保果效果（图2-18）。

图 2-18　樱桃番茄蘸花

技 术 提 示

樱桃番茄蘸花：

　　将 2,4-D 配制成 10～20mg/L 的溶液，盛装在合适的容器中。当樱桃番茄的花序有近一半小花开花时就可以蘸花。轻轻按下番茄花序，在溶液内快速蘸一下即可。

　　除保花、保果外，为提高樱桃番茄果实的品质，也要疏花、疏果。以樱桃番茄品种金币为例，一般单一的总状花序，每个果穗留果 15～20 个；复总状花序，每个果穗留果 10～15 个（图 2-19、图 2-20）。当第一穗

图2-19　樱桃番茄单一总状花序疏花　　　图2-20　樱桃番茄复总状花序疏花

果采收之后，要及时去除植株基部的老叶、病叶与黄叶，这样能有效地改善基部的通风透光条件，减少病虫害的发生。当植株长到顶部铁丝时，要落蔓和盘蔓进行坐秧整枝（图2-21），以协调营养生长与生殖生长之间的关系，并可延长生育期，提高樱桃番茄的总产量。通常一年二茬制的樱桃番茄，在植株具7～9穗果后摘心，一年一茬制的樱桃番茄，在植株具17～20穗果后摘心。

图2-21　樱桃番茄落蔓

樱桃番茄摘心

选留适量果穗后，可将樱桃番茄的主蔓摘心。摘心时须在最后一个果穗上方留 2 ～ 3 片叶，至少 2 片叶，这样有利于最后一个果穗的生长发育和成熟。

2.1.6　采收

樱桃番茄果实的发育按照成熟度可分为绿熟期、转色期、成熟期和完熟期四个时期。适宜采收期的确定可根据运销距离及用途而定。

（1）远途运输　应在绿熟期采收，运输期间不易破损（图 2-22）。此期果实已充分长大，果色由绿变白，种子发育基本完成，经过一段时间后熟，果实即可着色，但对品质有不良影响。

图 2-22　在绿熟期采收樱桃番茄果实

（2）近途运输　应在转色期采收，果实坚硬，耐贮运，品质也较好（图 2-23）。此期果实顶部着色，着色部分约占果实的 1/4。采收后 1 ～ 2d 可全部着色。

（3）就地销售　可在成熟期采收，果实已呈现特有色泽、风味，营养价值最高，适于作为水果生食，不耐贮运（图 2-24）。

图 2-23　在转色期采收樱桃番茄果实

图 2-24　在成熟期采收樱桃番茄果实

（4）加工或留种　宜在完熟期采收，此期果肉已变软，含糖量最高（图 2-25）。

图 2-25　在完熟期采收樱桃番茄果实

2.2

彩椒基质袋培技术

彩椒（*Capsicum annuum*）又名五彩椒，是甜椒的一种，为茄科（Solanaceae）辣椒属（*Capsicum*）一年生草本植物。果皮光滑、形状周正、色泽鲜艳。

彩椒营养价值很高，口感甜脆，可生食、熟食，也可作为饭店、酒楼的高档配菜，而且还有较高的观赏性，是发展观光农业的首选蔬菜品种之一。

彩椒可采用基质槽培、基质袋培和基质盆栽等多种无土栽培方式，这里主要介绍基质袋培技术。

2.2.1　生物学特性

（1）植物学特征

① 根　彩椒的根为直根系，具浅根性，主要根群入土深度为 10 ～ 15cm。根的再生能力差。

② 茎　直立，假二叉（图 2-26）或假三叉分枝（图 2-27），株高为 30 ～ 50cm。

③ 叶　叶为单叶，卵圆或椭圆形，互生（图 2-28）。

图 2-26　彩椒的假二叉分枝

图 2-27　彩椒的假三叉分枝　　　　　　图 2-28　彩椒的叶

④ 花　两性花，白色或紫色，单生或簇生（图 2-29），为常异花授粉植物。常异花授粉植物是指天然杂交率在 5% ～ 20% 之间的植物，如棉花、辣椒、高粱、甘蓝型油菜等。彩椒的天然杂交率为 10%，因此属于常异花授粉植物。

图 2-29　彩椒的花

⑤ 果实　果实为浆果，单果重可达 200 ～ 400g，果肉厚为 5 ～ 7mm。果皮光滑，色泽鲜艳，颜色有红色、黄色、紫色、白色和绿色等（图 2-30）。果实周正、形状多样，通常有扁圆形、圆球形、灯笼形和近四方形等。

⑥ 种子　扁平肾形，略大具光泽，黄白色，千粒重为 6 ～ 7g（图 2-31）。

（2）生育周期

① 发芽期　指从种子萌动到两片子叶展开，第一片真叶吐心（图 2-32）。适温条件下需 7d 左右。

图 2-30 彩椒的果实   图 2-31 彩椒的种子

图 2-32 处于发芽期的彩椒植株

② 幼苗期 从第一片真叶吐心至门花（第一朵花）现蕾（图 2-33）。一般需 75 ～ 80d。

③ 始花坐果期 从门花现蕾到门椒（第一个辣椒）坐住（图 2-34）。需 15d 左右。

图 2-33 处于幼苗期的彩椒植株   图 2-34 处于始花坐果期的彩椒植株

④ 结果期 从门椒坐住直到采收结束（图 2-35）。需 45 ～ 60d。

图 2-35 处于结果期的彩椒植株

（3）对环境条件的要求

① 温度 彩椒属喜温蔬菜，种子发芽最适温为 28 ～ 30℃，但在此温度下，发芽速度比番茄、茄子慢，需 3 ～ 4d，在 15℃时发芽更慢，需 15d 左右。幼苗期最适昼温为 25 ～ 27℃，夜温为 17 ～ 18℃。结果期最适昼温为 27 ～ 28℃，夜温为 18 ～ 20℃。根际适宜温度为 17 ～ 22℃。

② 光照 彩椒对光照要求因生育期而不同。种子在黑暗条件下容易出芽，而幼苗生长时期，则需要良好的光照条件，光饱和点为（30 ～ 40）klx，光补偿点为（1.5 ～ 2.0）klx。在弱光下，幼苗节间伸长，含水量增加，叶薄、色淡，适应性差；在强光下幼苗节间短粗，叶厚色深，适应性强。

③ 湿度 彩椒是茄果类作物中不耐干旱的。一般大果型品种的需水量较大，小果型品种的需水量较小。幼苗期时，空气湿度过大，容易引起病害。花期湿度过大会造成落花。盛果期空气过于干燥，也会造成落花落果。适宜空间湿度为 60% ～ 70%，基质湿度为 70% ～ 80%。

④ pH 值 基质适宜的 pH 值为 5.5 ～ 6.8。

2.2.2 栽培季节和品种选择

（1）栽培季节 无土栽培彩椒一般有两种茬口类型，一种是一年两茬制，即春彩椒和秋彩椒。春彩椒在当年的 1 ～ 2 月份播种育苗，2 ～ 3 月份定植，6 ～ 7 月份采收。秋彩椒在当年的 7 ～ 8 月份播种育苗，8 ～ 9 月份定植，10 月至翌年的 2 月份采收。另一种是一年一茬制，在当年的 8 ～ 9 月份播种育苗，9 ～ 10 月份定植，12 月份至翌年的 5 月份采收。

（2）品种选择 彩椒大部分品种由欧美等国家育成。目前国内主要的优良品种有以色列海泽拉公司培育的麦卡比红色彩椒、考曼奇黄色彩椒，先正达公司的方舟（红色）、黄欧宝（黄色）、紫贵人（紫色）、新蒙德（红色）、橘西亚（橘黄色）等彩椒品种。

① 麦卡比红色彩椒（图 2-36） 该品种为无限生长型，植株高大，茎秆粗壮，生长势强，属中熟品种，熟期为 77 ～ 82d。果实呈铃形，果大而长，果长为 16 ～ 18cm，果宽为 9cm，平均单果重 260g，单株结果数达 38 个左右，果实由绿转红，果肉厚，极耐储运，高抗烟草花叶病毒病，耐低温。

② 考曼奇黄色彩椒（图 2-36） 该品种为长方灯笼形，长为 17cm，宽为 8cm，果形美观，色泽好，成熟后由绿转黄，单果重 300g 左右。该品种果肉较厚，瓢小或无瓢，营养丰富，味道鲜美。抗烟草花叶病毒病、马铃薯 Y 病毒病，对白粉病、灰霉病也具有较强的抗性。植株生

图 2-36 麦卡比红色彩椒（左）和考曼奇黄色彩椒（右）

育期长，连续坐果能力强。保护地栽培，亩产量可达 8000kg 以上，是一种优质、高产、高效的彩椒新品种。

2.2.3 播种育苗

（1）**育苗容器** 可用塑料穴盘育苗（图 2-37）或塑料钵育苗（图 2-38）。

图 2-37　塑料穴盘育苗　　　　　图 2-38　塑料钵育苗

（2）**育苗基质** 现有三种复合基质配方供参考：珍珠岩：草炭＝1：3；蛭石：草炭＝1：3 和珍珠岩：蛭石：草炭＝1：1：3。

（3）**种子处理** 用 50 ～ 55℃ 热水浸种 15min，再降至 30℃ 浸种 6h，即可杀灭大多数病菌。按常规方法催芽，大多数种子 4 ～ 7d 可以发芽。

（4）**播种** 点播，播后覆 1.5 ～ 2.0cm 厚的基质。冬季温度低，可搭小拱棚或地面覆盖。

（5）**苗期管理**

① 温度管理　出苗前，昼夜温度保持在 28 ～ 30℃。出苗后，昼 20 ～ 25℃，夜 10 ～ 15℃ 左右。

② 湿度管理　基质湿度维持在 70% ～ 80%，空间湿度保持在 60%。

③ 营养液管理　配方选择：日本山崎甜椒营养液配方。浓度调整和供液次数：当幼苗子叶完全展开后喷施 1/3 剂量的营养液，1 次 /d。当长出 2 片真叶后，改用 1/2 剂量的营养液，1 ～ 2 次 /d。随着幼苗的生长，逐渐增加至 1 个剂量，2 次 /d。

（6）**壮苗标准** 彩椒的适龄壮苗为苗龄 80 ～ 90d、株高 20 ～ 25cm、真叶数 9 ～ 12 片、多数幼苗现蕾。

2.2.4 定植

（1）**组配基质、装袋** 以珍珠岩：蛭石：草炭＝1：1：2 配制复合基质（图 2-39），经甲醛溶液消毒后填到事先裁剪好的塑料薄膜上，制作成符合规格的栽培袋（图 2-40）。

图 2-39 组配复合基质　　　图 2-40 制作好的栽培袋

（2）**定植密度** 整平温室内地面，按行距 1.0m 摆放栽培袋，然后定植，株距 40cm。注意定植时苗坨表面要与基质表面持平。

为利于缓苗，一般在下午高温期过后定植。

2.2.5 定植后管理

（1）**温度管理** 缓苗前一般不通风换气，温度保持在 30℃ 左右，不能高于 35℃。缓苗后昼夜温度均较缓苗前低 2 ～ 3℃，以促进根部扩展，一般昼温保持在 25 ～ 30℃。结果期白天保持在 27 ～ 28℃，夜间 18 ～ 20℃，温度过高或过低都会导致畸形果的产生。

（2）**湿度管理** 基质湿度以 70% ～ 80% 为宜，空气湿度保持在 60% ～ 70%，防止空气高湿，否则不利于彩椒幼苗的生长，容易感病。

（3）**光照管理**　彩椒怕强光，喜散射光，对日照长短要求不严格。中午阳光充足且温度高的天气，可利用遮阳网进行遮阳降温。

（4）**营养液管理**　营养液以日本山崎甜椒配方为依据，根据当地水质特点做适当调整。pH 值在 6.0 ～ 6.3 之间。门椒开花后，营养液应增加到 1.2 ～ 1.5 个剂量。对椒坐住后，营养液的浓度可提高到 2.0 个剂量，并加入 30mg/L 的磷酸二氢钾，注意调节营养生长与生殖生长的平衡。如果营养生长过旺可降低硝酸钾的用量，营养液加进硫酸钾以补充减少的钾量，调整用量不能超过 100mg/L。在收获中后期，可用营养液正常浓度的铁和微量元素进行叶面喷施，以补充铁和其他微量元素的量，每 15d 喷一次。

（5）**植株调整**　彩椒分枝能力强，开花前要进行整枝，通常采用双蔓整枝（图 2-41）或三蔓整枝的方式，其他长出的侧枝要及时抹掉，以免消耗营养。当植株达到 30cm 高时，采用耐老化的玻璃丝绳吊蔓并绕蔓，一般每隔 2 ～ 3d 绕 1 次。在彩椒生长过程中要及时疏花疏果，以集中营养供给，保证正品率。门椒尽早摘掉，保留"对椒"、"四门斗椒"和少量"八面风椒"（图 2-42），每株留 3 ～ 4 层果，每层留 2 ～ 3 只果实，一株保果 10 只左右。植株基部的老叶、病叶应及时摘除。

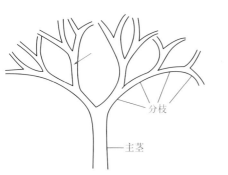

图 2-41　彩椒双蔓整枝

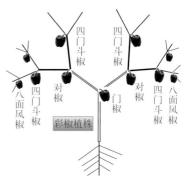

图 2-42　彩椒植株不同部位果实的名称

2.2.6 采收

应做到适时采收，以利于提高产量和品质。当果实已充分膨大，颜色变为本品种特色，果皮光洁发亮时即可采收。用剪子或刀片将果柄剪断或切断，果柄长度为 1cm 左右；或逆茬直接将果实掰下（图 2-43）。

图 2-43　彩椒果实的采收标准

2.3

茄子有机生态型基质槽培技术

茄子（*Solanum melongena* L.）别名落苏，为茄科（Solanaceae）茄属（*Solanum*）一年生草本植物，热带为多年生。原产于东南亚、印度，早在公元 4～5 世纪传入我国。茄子的吃法多种多样，荤素皆宜。既可炒、烧、蒸、煮，也可油炸、凉拌，都能烹调出美味可口的菜肴。茄子的营养也较丰富，含有蛋白质、脂肪、碳水化合物、维生素以及钙、磷、铁等多种营养成分。特别是维生素 P 的含量很高，每 100g 中即含维生素 P 750mg。茄子还有重要的药用价值，常食茄子，可降低高血脂、高血压；防治胃癌；抗衰老；清热活血、消肿止痛；保护心血管、抗坏血病；在冬季，用茄子秧煮水泡手脚，能治疗冻疮等。

茄子在我国各地普遍栽培，面积也较大，为我国北部各地区夏秋的主要蔬菜之一，尤其是在解决秋淡季蔬菜供应中起着重要的作用。

茄子有机生态型无土栽培是一种新型的栽培模式，是以高温消毒鸡粪、猪粪等有机肥为主，添加适量无机化肥来取代使用传统营养液的无土栽培技术，具有操作简单、节肥、节水、省力、省药、产品洁净卫生、高产优质等特点，是生产绿色食品蔬菜茄子的重要途径之一。

2.3.1 设施结构

详见 1.1 节的相关内容。

2.3.2 生物学特性

（1）植物学特征

①根 茄子根系发达，为直根系，具深根性，主根入土深可达 1.3 ～ 1.7m，侧根横向伸长可达 1.0 ～ 1.3m，主要根群入土 33cm 深。茄子根系木质化较早，根系再生能力差，在移植时应注意这个特点。

②茎 直立、粗壮，高达 1 ～ 1.3m，假二叉分枝（图 2-44）。

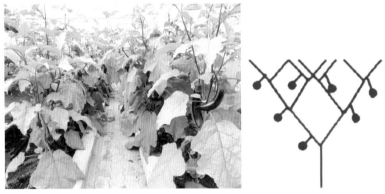

图 2-44 茄子的茎（假二叉分枝）

③叶 单叶，互生，叶片卵圆形至长卵圆形，紫色或绿色（图 2-45）。

图 2-45 茄子的子叶和真叶

④ 花 两性花，花瓣5～6枚，白色或紫色。一般为单生，但也有2～3朵至5～6朵簇生的（图2-46）。多为自花授粉。

图2-46 茄子的花

根据花柱的长短，茄子的花分为三种：

a. 长柱花 花柱高出花药，花大色深，为健全花，能正常授粉，有结实能力（图2-47）。

图2-47 茄子的长柱花

b. 中柱花 柱头与花药平齐，为健全花，能正常授粉结实，但授粉率低（图2-48）。

c. 短柱花 柱头低于花药，花小，花梗细，为不健全花，一般不能正常授粉结实（图2-49）。

⑤ 果实 浆果。果皮、胎座为主要食用部分。果实形状、颜色因品种而异。形状有圆形、扁圆形、长圆形与倒卵圆形等。颜色有深紫、鲜紫、白与绿色等，而以紫红色者较为普遍（图2-50）。

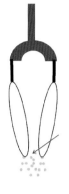

图 2-48 茄子的中柱花

图 2-49 茄子的短柱花

图 2-50 茄子的果实

⑥ 种子　每个果实有种子500～2000粒，种子扁平，肾形，黄色，新种子有光泽。千粒重为4～5g。

（2）生育周期

① 发芽期　从种子萌动至第一片真叶出现为止（图2-51）。一般需10～13d。

② 幼苗期　从第一片真叶出现至门花现蕾（图2-52）。需50～60d。

图2-51　处于发芽期的茄子植株　　　　图2-52　处于幼苗期的茄子植株

③ 开花坐果期　从门花现蕾至门茄坐住（即门茄"瞪眼"，图2-53）。需10～15d。

④ 结果期　从门茄"瞪眼"到拉秧（图2-54）。需50～60d。

图2-53　处于开花坐果期的茄子植株　　　　图2-54　处于结果期的茄子植株

（3）**对环境条件的要求** 茄子与番茄基本相似，对环境条件的要求也有不少共同之处，但也有其特点。

① 温度 茄子结果期的适宜昼温为 25 ~ 30℃，夜温为 15 ~ 20℃，比番茄的适温高些，如果在 17℃以下，则生育缓慢，花芽分化延迟，花粉管的伸长也受影响，因而易引起落花，10℃以下，可导致新陈代谢失调，5℃以下会受冻害。当温度高于 35℃时，茄子花器发育不良，尤其在夜间温度高的条件下，呼吸旺盛，碳水化合物的消耗大，果实生长缓慢。

② 光照 茄子的光补偿点为 2000lx，光饱和点为 40000lx，最适光照强度为 30000lx。茄子对光周期的反应不敏感，但光照的强弱影响光合作用的强度。光照减弱，光合作用降低，受精能力差，容易落花，产量下降，且色素形成不好，紫色品种着色不良。光照强而光照的时间又长，则光合产物积累得也多，花芽分化提早，落花率下降，第一雌花着生节位低，早期产量也较高。

③ 湿度 基质适宜湿度为 70% ~ 80%，空气湿度为 70% ~ 80%。在基质过干、基质溶液浓度过高时茄子容易出现缺镁症状，在叶脉附近，特别是主脉周围变黄失绿。在钙素缺乏或由于多肥而锰素过剩时，叶片的网状叶脉褐变，出现"铁锈"状叶（褐脉叶）。

④ pH 值 基质适宜的 pH 值为 6.8 ~ 7.3。

2.3.3 栽培季节、栽培类型与品种

（1）**栽培季节** 同樱桃番茄相似，可参考樱桃番茄的栽培茬次。

（2）**栽培类型与品种** 根据植株长势和果实形状，茄子通常可分为圆茄类、长茄类和矮茄类三种类型：

① 圆茄类 植株高大，茎直立粗壮，叶片大而肥厚，生长旺盛。果形扁圆、圆形或长圆形，果色有黑紫色、紫红色、绿色、白色。多为中、晚熟品种，肉质较紧密，单果重量较大。圆茄是北方生态型，适应于气候温暖干燥、阳光充足的夏季大陆性气候条件，在我国北方栽培较普遍。

② 长茄类（图 2-55） 植株高度及生长势中等，叶较小而狭长，分枝较多。果实细长，有的品种长度可达 0.33m 以上。皮较薄，肉质较松软，种子较少。果实有紫色、青绿色、白色等。单株结果数较多，单果重较小。长茄是南方生态型，适应于温暖湿润而多阴天的气候条件，在我国南方栽培比较普遍，在我国北部多栽培于温和湿润的地区。

③ 矮茄类（图 2-56） 植株低矮，茎叶细小，开张，生长势中等或较弱，坐果节位较低，果较小，多为早熟品种，产量较低。果实卵形或长卵形。

图 2-55　长茄类茄子　　　　　　　图 2-56　矮茄类茄子

针对当前茄子生产中存在的问题，在品种选择上应着重注意选择抗病丰产的品种，同时也应考虑各地的食用习惯及品味。

新优品种有：

① 六叶茄　为北京地方品种。植株长势中等。果扁圆形，单果重 400～500g。皮黑紫色，有光泽，果肉浅绿白色。早熟耐低温。

② 竹丝茄　四川地方品种。株高 70～90cm。果呈长牛角状，浅绿色，有紫红色纵条纹，单果重 250g 左右，肉质松软细嫩，味佳。中熟，抗绵疫病能力强。

③ 紫圆茄　陕西地方品种。植株高大。果实大而圆，单果重 1～1.5kg。果皮紫红色，果肉白色。抗褐纹病、绵疫病能力差。

2.3.4 育苗及定植

（1）**育苗** 采用口径 8.0 ～ 10.0cm 的聚乙烯塑料钵作为育苗容器，育苗基质选择珍珠岩∶草炭＝1∶3 或蛭石∶草炭＝1∶3 等复合基质，基质混拌后装钵（图 2-57）。茄子播种前最好用 100 倍甲醛溶液浸种 10 ～ 20min，可防治褐纹病和枯萎病，然后浸种 18 ～ 24h，再置于 30℃以上的环境条件下催芽。种子露白后点播，每钵 1 ～ 2 粒，深度为 1.5 ～ 2.0cm。播种后浇透水（图 2-58），并覆盖塑料薄膜以保温、保湿（图 2-59）。

一般播种后 8 ～ 9d 茄子可出齐苗（图 2-60）。

图 2-57 基质装钵

图 2-58 播种后浇透水

图 2-59 覆盖塑料薄膜保温、保湿

图 2-60 茄子幼苗出土

（2）**定植**　播种后2个月至2个半月，当茄子幼苗具5～7片真叶时即可定植（图2-61）。定植时株行距为（30～40）cm×（70～80）cm（图2-62），同时浇足定根水，以加快缓苗。

图2-61　即将定植的茄子苗

图2-62　定植好的茄子苗

2.3.5　定植后管理

（1）**植株调整**　主要是确定整枝方式。应因势造形，根据茄子假二叉分枝的生长特性，采用双干整枝的方法（图2-63），第一级分叉以下

图2-63　茄子的双干整枝

的所有侧枝要及时去除，基质槽培茄子，植株能长到2m多高，果实可留到满天星一级。

（2）**浇水追肥** 有机生态型基质栽培茄子，除施足底肥外，平时只需追肥和浇水，不供营养液。定植缓苗后，每天浇水1～2次，每次滴灌10min，到旺盛生长期，每天浇水2～3次，每次10～15min。

门茄、对茄采收后，结合浇水根部可穴施一次撒可富复合肥，每亩用量为20kg，四门斗茄坐果后，再追肥一次，直至采收（图2-64、图2-65）。

图2-64 根部追肥　　　　　图2-65 注意深度和掩埋

（3）**吊蔓、绕蔓** 为延长茄子的生育期，收获更多的果实，当门茄坐住后，可对其进行第一次吊蔓和绕蔓处理。即用一根撕裂绳一端系在茄子植株的主茎基部，另一端系于行向顶部的铁丝上，将茄子的主干和一个骨干枝绕在撕裂绳上，使其沿着吊绳逆时针向上生长（图2-66）。

以后随着植株长高、果实数量和重量增加，需补加撕裂绳的条数，将茄子的骨干枝均吊、绕起来，避免枝条折断和植株倒伏（图2-67）。

图 2-66　第一次吊蔓和绕蔓

图 2-67　补加撕裂绳条数

2.3.6　采收

一般来说，茄子早熟品种定植后 40 ～ 50d 开始采收；中熟品种定植后经 50 ～ 60d 采收；晚熟品种定植后经 60 ～ 70d 采收。通常花后 20 ～ 25d 即可以收获（图 2-68）。采收时，应将茄子果实的果梗小心地逆茬掰下，勿过多地伤害植株；或用洁净的剪刀剪断果梗。采下果实后，装塑料箱或塑料袋上市销售（图 2-69）。

图 2-68　茄子果实采收　　　　图 2-69　茄子果实装箱或装袋销售

2.4 黄瓜基质槽培技术

黄瓜（*Cucumis sativus* L.）原产于喜马拉雅山南麓的印度东北部地区，古代分南、北两路传入我国。别名胡瓜、王瓜、青瓜等，为葫芦科（Cucurbitaceae）黄瓜属（*Cucumis*）一年生攀援草本植物。

黄瓜幼果脆嫩，风味清香，适宜生食、熟食或腌渍，是主要瓜类蔬菜之一。在我国各地普遍栽培，已有两千多年的栽培历史。

黄瓜富含蛋白质、糖类、维生素 B_2、维生素 C、维生素 E、胡萝卜素、尼克酸、钙、磷、铁等营养成分。其味甘、苦，性凉、无毒，入脾、胃、大肠，具有除热、利水利尿、清热解毒的功效。主治烦渴、咽喉肿痛、火眼、火烫伤。还有减肥、美容等功效。

2.4.1 无土栽培方式

黄瓜各种水培和基质栽培均可，这里仅介绍基质槽培技术。

2.4.2 生物学特性

（1）植物学特征

① 根　黄瓜的根为直根系，具浅根性。主要根群入土 15～20cm，主根深达 1m 以上。根的再生能力差。

② 茎　茎为蔓性，五棱，中空，披刚毛。茎节上有卷须（图2-70）。

③ 叶　单叶，五角形或心脏形，互生。叶色浓绿或浅绿（图2-71）。

④ 花　花通常为单性，黄色，雌雄同株。雄花多簇生，雌花多单生（图2-72）。

图2-70　黄瓜的茎

图2-71　黄瓜的叶

⑤ 果实 果为瓠果，棒状或长棒状，由子房和花托共同发育而成，假果。嫩瓜大多为深绿色或浅绿色（图 2-73），老熟瓜一般为黄白色或黄褐色（图 2-74）。

图 2-72 黄瓜的雄花和雌花

图 2-73 黄瓜的嫩果

⑥ 种子 种子扁平、披针形，黄白色或白色，千粒重为 22 ～ 42g。

（2）生育周期 黄瓜整个生育周期可分为以下四个时期：

① 发芽期 从种子萌动至子叶充分展平（图 2-75）。需 5 ～ 8d。

图 2-74 黄瓜的老熟果

图 2-75 处于发芽期的黄瓜植株

② 幼苗期 从子叶展平至第四、五片真叶充分展开（图 2-76）。需 30 ～ 40d。

图 2-76　处于幼苗期的黄瓜植株

③ 抽蔓期　从第四、五片真叶展开到第一雌花坐瓜（图 2-77）。需 15 ～ 20d。

图 2-77　处于抽蔓期的黄瓜植株

④ 结瓜期　从第一雌花坐瓜到拉秧（图 2-78）。需 30～60d 或更长。

图 2-78　处于结瓜期的黄瓜植株

（3）对环境条件的要求

① 温度　黄瓜为喜温作物，不同生育阶段对温度要求略有不同。发芽期适温为 27 ～ 29℃。幼苗期白天为 22 ～ 25℃，夜间为 15 ～ 18℃。开花结瓜期白天为 25 ～ 29℃，夜间为 18 ～ 22℃。黄瓜生长发育要求的昼夜温差以 10℃左右为宜。

② 光照　黄瓜喜光，也较耐弱光。光饱和点一般为 55000 ～ 60000lx，光补偿点为 2000 ～ 10000lx；最适光照强度为 40000 ～ 50000lx。黄瓜属短日照植物，8 ～ 10h 光照和较低夜温，有利于植株由营养生长转为生殖生长。

③ 水分　黄瓜喜湿，怕涝，不耐旱。要求基质湿度为 60% ～ 90%，空气湿度为 70% ～ 80% 较为适宜。

④ pH 值　栽培黄瓜基质最适的 pH 值为 5.5 ～ 7.2。

⑤ 气体　黄瓜根系要求基质含氧量一般以 15% ～ 20% 为宜。

2.4.3　栽培季节和品种选择

（1）栽培季节　黄瓜无土栽培，一般有两种茬口类型，一种是一年二茬制，另一种是一年三茬制。一年二茬制第一茬于 3 月育苗，4 月定植，6 ～ 8 月采收；第二茬于 7 月育苗，8 月定植，9 ～ 12 月采收。一年三茬制第一茬于 8 月育苗，9 月定植，10 月～翌年 1 月采收；第二茬于 12 月育苗，翌年 1 月定植，2 ～ 4 月采收；第三茬于 5 月定植，6 ～ 8 月采收。

（2）品种选择　可供选择的普通黄瓜品种有津春 4 号、中农大 11 号、津优 3 号、长春密刺、博美 4 号和中农 12 号等；迷你黄瓜品种有甜脆绿 6 号、绿玲珑、京研 1 号、春光 2 号和戴多星等。

2.4.4　育苗与定植

可采用塑料穴盘或塑料钵育苗，育苗基质为草炭：蛭石＝ 3：1 组配而成的复合基质。也可用岩棉小块育苗。冬春育苗需搭小拱棚（图2-79）。冬季和早春日历苗龄一般为1个半月左右，夏季苗龄一般为20～30d。

当黄瓜幼苗具3～4片叶时即可定植，株行距一般为（35～40）cm×70cm（图2-80）。

图2-79　冬春育苗需搭小拱棚　　　　　　图2-80　黄瓜适龄壮苗

2.4.5　定植后管理

（1）营养液管理

① 配方　采用日本山崎黄瓜营养液配方。

② 供液次数　定植后3～5d内只供清水，2次/d。缓苗后，改供营养液，3d/次，每次每株占液量为0.5～1.5L，最多为2L。

③ pH值　控制在5.6～6.2之间。

④ 浓度调整　开花后，营养液的浓度应提高至标准配方的1.2～1.5个剂量。坐瓜后，再增加至2.0个剂量。结瓜盛期，可继续提高至2.5个剂量。

（2）温、湿度调控

① 温度　气温：昼22～27℃，夜15～18℃。基质温度：20～25℃。

② 湿度　基质湿度：70%～90%。空气湿度：70%～80%。

③ 植株调整　采用绳子吊蔓单蔓整枝的方式，即在温室下弦杆上按种植行位拉两道10号铁丝，每棵植株基部用撕裂绳的一端系住，撕裂绳的另一端系在顶部铁丝上。当植株长出5～6片叶后，开始吊蔓

（图 2-81），以后随着植株的长高，要及时把主蔓绕在吊绳上，黄瓜一般每隔 1～2 个节绕 1 次，注意绕蔓的方向（图 2-82）。黄瓜生长过程中要进行疏花疏果，多余的和不正常的花、果要及时去除，以集中营养供给，保证正品率。主茎上从第 6 节以上开始留瓜，1～5 节位瓜及早疏掉，健壮侧枝上可再留 1 个瓜后打顶，以增加瓜的条数提高总产量，其他长出的侧枝应及时抹掉，以免消耗营养。当植株长到架顶时将下部老叶除掉盘条往下坐秧（或摘心）。

图 2-81　黄瓜吊蔓

图 2-82　黄瓜绕蔓

2.4.6　采收

根瓜宜早采，中上部瓜和回头瓜一般花后 8～10d 即可采收。整个田间初瓜期每隔 2 ～ 3d 采收一次，盛瓜期可每天采收一次。采收时用消毒剪刀或小刀割断瓜柄，也可用手顺离层掰断瓜梗，要轻拿轻放。

平均单瓜重 200 ～ 250g，每亩产 7000 ～ 8000kg。

小 贴 士

黄瓜采收注意事项

根瓜早采、掰断瓜梗、顶花带刺、摆放整齐、遮光保湿（图 2-83）。

图 2-83 黄瓜采收

2.5

甜瓜复合基质槽培技术

甜瓜（*Cucumis melo* L.）又名香瓜，为葫芦科（Cucurbitaceae）甜瓜属（*Cucumis*）一年生蔓性草本植物，有厚皮和薄皮两个生态群。甜瓜色、香、味俱佳，含糖量比西瓜高，有的品种高达 18%。还含有芳香物质、多种维生素及矿物质。多食甜瓜，有利于人体心脏、肝脏以及肠道系统的活动，促进内分泌和造血机能。日本宴请嘉宾或举行结婚大典时，都要选择甜瓜上席，因此在日本甜瓜的价格相当高。

甜瓜无土栽培可采用水培（营养液培）和基质栽培。基质栽培管理技术比水培容易，采用砖槽式、袋式、盆钵式等方式进行甜瓜基质栽培，效果也较好。这里主要介绍甜瓜的复合基质槽培技术。栽培基质按体积比选用珍珠岩：蛭石：草炭 = 1 : 2 : 3 的复合基质，混配均匀消毒后，填入栽培槽中，基质略低于栽培槽，表面做成龟背形，上铺一层黑色塑料薄膜，定植前将基质浇透水。

2.5.1 生物学特性

（1）植物学特征

① 根　甜瓜的根系为直根系，具浅根性，主根入土深度达 40 ～ 60cm，但大多数根群入土深度仅为 15 ～ 25cm。根的再生性差。

② 茎　茎为蔓性、中空，分枝力强，能发生较多的子蔓和孙蔓。

③ 叶　单叶，圆形或肾形，互生。厚皮甜瓜较薄皮甜瓜叶片大，叶色淡而平展。

④ 花　花为雌雄同株，雄花单性（图 2-84），大部分品种为雌型两

性花（图 2-85）。花冠黄色，钟状五裂。

图 2-84　甜瓜的雄花

图 2-85　甜瓜的雌花

⑤ 果实　果实为瓠果，圆形或椭圆形，由花托和子房共同发育而成，属假果。颜色有绿、白、枯黄等。

⑥ 种子　种子扁平披针形，灰白或黄色。千粒重薄皮甜瓜为 15 ～ 20g，厚皮甜瓜为 30 ～ 60g。

（2）生育周期

① 发芽期　从播种至子叶展平，第一片真叶显露。需 7 ～ 10d。

② 幼苗期　从第一片真叶显露至第 5 ～ 6 片真叶出现。需 25 ～ 30d。

③ 抽蔓期　从第 5 ～ 6 片真叶出现到第一朵雌花开放。需 20 ～ 25d。

④ 结瓜期　从第一朵雌花开放到拉秧。早熟品种需 20 ～ 40d，晚熟品种需 70 ～ 80d。

（3）对环境条件的要求

① 温度　甜瓜喜温、耐热、极不耐寒，遇霜即死，10℃以下就停止生长。种子发芽适温为 25 ～ 35℃，30℃左右发芽最快。幼苗期及茎叶生长以昼温 25 ～ 30℃，夜温 16 ～ 18℃为宜。开花结瓜期最适昼温为 25 ～ 30℃，夜温为 15 ～ 18℃。

② 光照　甜瓜是喜光作物，通常要求每天 10 ～ 12h 的长光照。光补偿点为 4000lx，光饱和点为 55000lx。

③ 水分　甜瓜性喜干燥，空间相对湿度在 50% ～ 60% 以下为好，基质适宜湿度为 60% ～ 70%。在果实膨大期，基质中水分不能过低，以免影响果实膨大。果实成熟期，基质湿度宜低，但不能过低，否则易

发生裂果。

④ pH 值　甜瓜根系生长最适的 pH 值为 6.0～7.0。

2.5.2　栽培季节和品种选择

（1）**栽培季节**　在我国南、北方普遍可以进行春、秋季节栽培。春季栽培于 1～2 月播种育苗，2～3 月定植，6～7 月采收。秋季栽培于 6～7 月播种育苗，7～8 月定植，9～10 月采收。北方也可加一茬夏季栽培，如有加温条件，也可增加一茬越冬栽培。

（2）**品种选择**　可选择厚皮甜瓜类型，品种有兰州的白兰瓜、黄河蜜、醉瓜，巴彦淖尔的华莱士，新疆的可口奇、蜜极甘和日本的伊丽莎白 239 等；也可选择薄皮甜瓜类型，品种有虎皮脆、灯笼红、白沙蜜、华南 108 等。

2.5.3　育苗及定植

（1）**育苗**

① 播种　采用塑料钵育苗。把精选的种子用温汤浸种 15min，再用 0.1% 的高锰酸钾溶液消毒 30min。捞出用清水冲洗，继续浸种 4～6h，然后置于 30℃恒温下催芽。当 80% 芽长至 0.5cm 时，选择晴天上午播种到装好基质的塑料钵中，播完后覆一层塑料薄膜保温保湿。

② 苗期管理　a. 温度管理。从播种到出苗，白天保持在 30℃左右，夜间不低于 20℃。子叶破土后，应取掉地膜降温，白天为 25℃左右，夜间为 13～15℃。定植前 10d 进行通风炼苗。b. 营养液管理。选用日本山崎甜瓜营养液配方。苗期营养液的 EC 值（电导率）控制在 1.0mS/cm，通常每 1～2d 供液 1 次。c. 湿度管理。基质湿度要达到 60%～70%，空间湿度 70%～80%。以上午浇液最好。d. 矮化促瓜。在幼苗 2 叶 1 心期时喷施 100mg/L 的乙烯利溶液可促进甜瓜雌花的形成。

（2）**定植**　当甜瓜幼苗具 3～4 片真叶时定植，采用双行定植，注意保护根系完整和不受伤害。定植密度依品种、栽培地区、栽培季节和整枝方式而有所不同,一般控制在每亩定植 1500 ～ 1800 株。

2.5.4 定植后管理

(1)营养液管理

① 配方　宜选用日本山崎甜瓜营养液配方。

② 浓度调整　营养液的 EC 值从缓苗后到开花期控制在 2.0mS/cm,果实膨大期增加至 2.5mS/cm,成熟期到采收期提高至 2.8mS/cm。

③ 供液次数　成龄期每天供液 1 ～ 2 次,每次供液量应根据植株大小从每株 0.5L 到 2L 不等,原则上是植株不缺素、不发生萎蔫,基质水分不饱和。晴天可适当降低营养液的浓度,阴雨天和低温季节可适当提高营养液的浓度。

④ pH 值　薄皮甜瓜生长的适宜 pH 值为 6.0 ～ 6.8,厚皮甜瓜为 7.0 ～ 7.5。一般将营养液的 pH 值调节到 6.0 ～ 7.0 均可栽培这两种类型的甜瓜。

(2)环境调控

定植后 1 周内应维持较高的环境温度,白天在 30℃左右,夜间在 18 ～ 20℃。开花坐果期白天温度控制在 25 ～ 28℃,夜间在 15 ～ 18℃。果实膨大期白天温度控制在 28 ～ 32℃,夜间在 15 ～ 18℃,保持 13 ～ 15℃的昼夜温差至果实采收。在保温的同时加强通风换气,环境湿度宜控制在 50% ～ 60%。整个生长过程中要保持较高的光照强度,特别是在坐果期、果实膨大期和成熟期。总体上在甜瓜一生中,环境调控应以"增温、降湿、通风、透光"为准则。

(3)植株调整

① 整枝方式　设施无土栽培甜瓜,多采用单蔓整枝的方式。单蔓整枝有两种方法:一种是以母蔓作为主蔓的单蔓整枝,另一种是以子蔓作为主蔓的单蔓整枝。具体操作如下:

甜瓜常用的整枝技术

a.以母蔓作为主蔓的单蔓整枝　在植株母蔓的第14～16节留瓜，将其他子蔓及时打掉。当主蔓长至22～28片叶时摘心（图2-86）。

b.以子蔓作为主蔓的单蔓整枝　在植株母蔓4～5片叶时摘心，促发子蔓。将子蔓10节以下的孙蔓全部打掉，选留第11～15节的孙蔓结瓜。当子蔓长至22～28片叶时摘心（图2-87）。

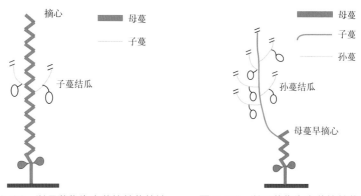

图2-86　以母蔓作为主蔓的单蔓整枝　　　图2-87　以子蔓作为主蔓的单蔓整枝

② 授粉　甜瓜坐果性差，需人工辅助授粉。摘取当日开放的雄花，去掉花被，露出花药，将花粉均匀涂抹到雌花的柱头上即可（图2-88）。授粉时间通常为上午9～11时，一朵雄花可给2～3朵雌花授粉。

此外，也可在棚内人工放蜂，进行辅助授粉。

图2-88　甜瓜人工辅助授粉

③ 疏叶留果　及早疏去基部老叶以利于通风透光。当幼瓜有鸡蛋大小时应及时定瓜。选留节位适中、瓜形周正、无病虫害的幼瓜。留

瓜有单层留瓜和双层留瓜两种方式，单层留瓜一般在主蔓的第十一至第十五节留瓜，双层留瓜则在主蔓的第十一至第十五节、第二十至第二十五节各留一层瓜。一般小果型品种每株每层可留 2 个瓜，大果型品种每株每层留 1 个瓜。

④ 吊瓜 当幼瓜达 0.5kg（直径为 5～7cm）时，开始吊瓜。可用尼龙网将瓜托住，或用绳将果柄与侧蔓相交处用活结将瓜吊到温室顶部的铁丝上，使结果枝与果梗部呈"十"字形，以防止果实成熟时掉落碰坏（图 2-89）。

图 2-89　甜瓜吊瓜

2.5.5　采收

甜瓜的品质与果实成熟度密切相关，采收过早，则糖度低、香味不足。但采收过晚，果肉变软，风味欠佳，也降低食用价值。甜瓜适宜的采收期主要需考虑采收时间、采收标准和采收方法。

（1）**采收时间**　近运近销：在十分成熟时采收。外运远销：在成熟前 3～4d、成熟度 8～9 分时采收。

具体时间为：早晨或下午。早晨采收的瓜含水量高，不耐运输，故远运的瓜宜于在午后 1～3 时采收。

（2）**采收标准**　瓜梗附近的茸毛脱落；瓜顶（脐部）变软，有香气；瓜蒂周围形成离层，产生裂纹；瓜变轻，网纹突出等。

（3）**采收方法**　用剪刀将果柄两侧分别留 5.0cm 左右的侧蔓剪下，剪下的瓜其瓜梗与侧蔓呈"T"形，侧蔓一般长 10～15cm，使果实外形美观（图 2-90）。

图 2-90　甜瓜果实采收方法

2.6
草莓无土栽培技术

草莓（*Fragaria* × *ananassa* Duch.）别名凤梨草莓，为蔷薇科（Rosaceae）草莓属（*Fragaria*）多年生草本植物。原产亚洲、美洲和欧洲，中国有野生种7～8个，分布在东北、西北和西南等地的山坡、草地或森林下。草莓的产量和栽培面积一直在世界小浆果生产中居领先地位。栽培草莓主要是18世纪育出的大果草莓，即凤梨草莓，在欧洲、美洲诸国和日本栽培较多，中国以东北、华北、华东为主，西北、西南较少。鲜果产量以美国、日本、墨西哥及波兰较高。

草莓果实色泽鲜艳，酸甜可口，多汁，营养价值高，富含维生素和矿物质，特别是维生素C含量很高，每100g草莓鲜果中含50.9～120.6mg，含全糖4.8～10.3g、有机酸0.65～1.014g、果胶1.0～1.7g。草莓中的草莓胺，对白血病、再生障碍性贫血等血液病有较好的疗效。草莓味甘酸、性凉、无毒，能润肺、健脾、补血化脂，对肠胃病和心血管病有一定防治作用。用它制成各种高级美容霜，对减缓皮肤出现皱纹有显著效果。草莓可鲜食，还可以加工成草莓汁、草莓酱、草莓酒等食品，市场的需求量很大，深受消费者的喜爱。

2.6.1 无土栽培方式

近年来草莓的无土栽培发展较快，目前世界各国均有草莓栽培。草莓可采用多种方式进行无土栽培，如深液流技术、营养液膜技术、立柱叠盆式水培技术以及基质槽培技术（图2-91）、基质袋培技术和立柱叠盆式基质培技术（图2-92）等。

图 2-91 草莓基质槽培

图 2-92 草莓立柱叠盆式基质培

2.6.2 生物学特性

（1）植物学特征

① 根 草莓的根系由新茎和根状茎上的不定根组成，为须根系。主要分布在地表 20cm 深的土层内。新茎于第二年成为根状茎后，须根

就开始衰老逐渐死亡，然后从上部根状茎再长出新的根系来代替。

　　② 茎　草莓茎有三种，即新茎、根状茎和匍匐茎，前两种为地下茎，后一种为地上茎。新茎为草莓当年抽生的短缩茎，来源于上年新茎的顶芽或腋芽。其上轮生有叶，叶腋间着生腋芽，基部产生不定根（图2-93）。根状茎为多年生茎，上一年的新茎即为今年的根状茎（图2-94）。匍匐茎是由新茎的腋芽萌发形成的，节间长，具有繁殖能力，为草莓的无性繁殖器官（图2-95）。

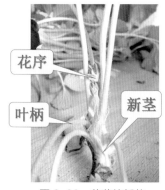

图2-93　草莓的新茎

图2-94　草莓的根状茎

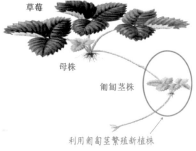

图2-95　草莓的匍匐茎

　　③ 叶　三出复叶，叶柄较长，一般为 10 ～ 20cm，叶着生在新茎上，叶柄基部有两片托叶鞘包于新茎上（图2-96）。单叶寿命为80d。秋末随温度降低，新发的叶变短，植株呈莲座状，是即将进入休眠状态的标志。

正常

休眠

图 2-96 草莓的叶

④ 花序和小花 花序为二歧聚伞花序（图 2-97、图 2-98）或多歧聚伞花序，一个花序上可着生 3 ～ 30 朵小花，一般为 7 ～ 15 朵（图 2-99），小花白色（图 2-100），有 5 ～ 8 个花瓣，雄蕊 30 ～ 40 枚，雌蕊 200 ～ 400 枚（图 2-101），异花授粉，但也可自花结实。

图 2-97 草莓的花序

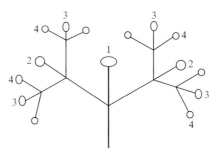

图 2-98 二歧聚伞花序结构

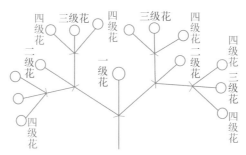

图 2-99 二歧聚伞花序各级花

图 2-100 草莓的小花

图 2-101 草莓花的雄蕊和雌蕊

⑤ 果实　聚合果，由受精后的雌蕊和花托共同发育而成，果实柔软多汁，果面红色，果肉有白、红、粉红色，中间有髓（图2-102）。早开花结的果实较大，以后开花结的果实较小（图2-103）。果实表面有许多由离生子房形成的褐色种子（瘦果）。

图 2-102　草莓的正常果实与畸形果实　　　　图 2-103　草莓的各级果实

⑥ 种子　呈螺旋状嵌生在果肉上，为瘦果（种子），尖卵形，光滑，黄色或黄绿色（图2-104）。

图 2-104　草莓的种子

（2）生育周期

① 萌芽和开始生长期　当春季地温稳定在 2 ～ 5℃时，根系开始生长，一般比地上部早 7 ～ 10d。抽出新茎后陆续出现新叶，越冬叶片逐渐枯死。

② 现蕾期 在地上部生长约 30d 后出现花蕾。当新茎长出 3 片叶，而第 4 片叶未全长出时，花序就在第 4 片叶的托叶鞘内形成现蕾。现蕾后植株仍以营养生长为主。

③ 开花结果期 从现蕾到第一朵花开放约需 15d，由开花到果实成熟又需 30d 左右。整个花期持续约 20d。在开花期，根的伸长生长停止，并且逐渐变黄，根颈基部萌发出不定根。

④ 旺盛生长期 果实采收后，植株进入旺盛生长期，先是腋芽大量发生匍匐茎，新茎分枝加速生长，然后是新茎基部发生不定根，参与形成新的根系。

⑤ 花芽分化期 经旺盛生长期后，在日均温度 15～20℃和 10～12h 短日照下开始花芽分化。一般品种多在 8～9 月份或更晚才开始分化，花芽分化一般在 11 月份结束。秋季分化的花芽，在第二年的 4～6 月份开花结果。

⑥ 休眠期 花芽形成后，由于气温逐渐降低，日照缩短，草莓进入休眠期。

（3）对环境条件的要求

① 温度 草莓对温度的适应性较强。根系在 2℃时便开始活动，5℃时地上部分开始生长。根系生长最适温度为 15～20℃，植株生长适温为 20～25℃。春季生长如遇 -7℃的低温会受冻害，-10℃时大多数植株会冻死。根系能耐 -8℃的低温，芽能耐 -15～-10℃的低温。开花期低于 0℃或高于 40℃都会影响授粉受精，产生畸形果。

② 光照 草莓是喜光作物，也较耐阴。光补偿点为 500～1000lx，最适光强为（20～30）klx。在花芽形成期要求 10～12h 短日照和较低温度。在开花结果期和旺盛生长期，需要 12～15h 的较长日照。

③ 水分 整个生长季节对水分有较高的要求，基质含水量以 65%～80% 为宜，空间相对湿度要求达到 80% 左右。果实成熟期要适当控制水分。

④ pH 值 适宜的 pH 值为 5.5～6.5。

2.6.3 栽培季节和品种选择

（1）**栽培季节** 应以反季节栽培为主。除在夏季 6 ～ 8 月高温季节不适宜外，其他季节均可栽培。如越冬栽培：8 月下旬至 9 月上、中旬定植，11 月底至 12 月初始收，可持续收获至翌年 5 月。

（2）**品种选择** 鲜食栽培：应选择果形美观、果味芳香浓郁、果个大、营养成分含量高的品种，如幸香、鬼怒甘、章姬、红颜等；加工栽培：应选择颜色深红、含糖量高、硬度较大、质地致密、耐贮运、易除萼的品种，如哈尼、蜜宝等；北方：气候寒冷，宜选择休眠浅、优质、丰产、耐寒、耐贮运的品种。

2.6.4 育苗与定植

（1）**育苗** 有三种方法。匍匐茎育苗法：整地做畦（畦宽为 1.0m，畦深为 15cm；或直接用花盆），选健壮、丰产、无病虫害的母株切取匍匐茎上小苗，稀植（图 2-105 ～图 2-108），及时浇水，去除老叶和花序。播种育苗法：种子需先低温处理 1 ～ 2 个月，然后播种，多用于育

图 2-105 草莓葡萄茎上的小苗

图 2-106 切分下葡萄茎小苗

种上。组织培养育苗法：主要用来培育脱毒苗。脱毒苗的单果重可提高30%，总产量可提高25%。

图 2-107　栽植葡萄茎小苗

图 2-108　葡萄茎小苗成活

（2）定植

① 壮苗标准　单株重 30～40g，新茎粗 1.2～2.0cm，具 5～6 片叶，根系发达（有根 5 条以上，平均每条长 5.0～6.0cm）。如图 2-109 所示。

② 定植时间　9～10 月。定植时要注意"上不埋心，下不露根"（图 2-110）。

图 2-109　草莓的适龄壮苗

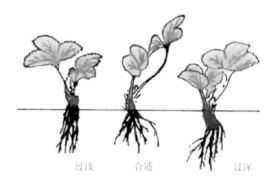

图 2-110　草莓苗的定植深度

③ 定植密度　DFT、NFT：株行距为 20cm×20cm；基质培：株行距为（15～20）cm×（25～30）cm。

2.6.5 定植后管理

（1）营养液管理

① 配方　日本园试营养液配方、日本山崎草莓营养液配方或华南农大果菜类蔬菜营养液配方等。

② 浓度　开花前：EC 值控制在 1.0 ～ 1.7mS/cm。开花结果期：EC 值控制在 2.5 ～ 3.5mS/cm。结果后期：EC 值控制在 2.0mS/cm。

③ pH 值　保持在 5.5 ～ 6.5。

（2）植株调整

① 疏花、疏果和摘老叶　草莓植株适当疏花、疏果，产量可比未疏花、疏果的提高 20% ～ 30%。一般应疏除全株 15% ～ 20% 的花蕾，以保证果大整齐，防止小果、畸形果的发生（图 2-111）。最终每株草莓保留 2 ～ 3 穗花序，每个花序留果 3 ～ 5 个，每株留果 8 ～ 15 个。

图 2-111　草莓植株疏花、疏果

为改善通风透光条件，应及时摘除黄叶、老叶。苗期：每株留 3 ～ 5 片叶。花果期：每株保留 8 ～ 12 片功能叶。

② 辅助授粉　在草莓植株现蕾后开花前将蜂箱放入棚内，花后辅助授粉，可减少草莓畸形果，提高产量。放蜂前 10 ～ 15d 棚内停止用药。

③ 整蔓更新　采收后，重新栽植草莓匍匐茎苗，其生活力强，产量高；或采收后，将植株长出的匍匐茎分次摘除，原株仍能保持较强的生活力和较高的结实率。

2.6.6 采收

（1）标准 当浆果有 2/3 着色或全果初着色时采收（图 2-112）。

图 2-112 草莓果实采收标准

（2）时间 早晨（露已干），或傍晚（转凉）进行。

（3）方法 用大拇指和食指的指甲将果梗掐断，带梗（0.5 ～ 1.0cm长）采下，勿伤萼片（图 2-113）。

图 2-113 草莓果实采收方法

（4）次数 在结果初期，每 1 ～ 2d 采收 1 次。进入结果盛期，每天采收 1 次。

第3章

叶菜类蔬菜
无土栽培技术

3.1　木耳菜有机生态型基质槽培技术

3.2　苦苣菜平面深液流技术

3.3　空心菜有机生态型基质槽培技术

3.4　油菜立柱叠盆式基质培技术

3.5　芹菜多层床式立体水培技术

3.6　莴苣立柱叠盆式水培技术

3.1

木耳菜有机生态型基质槽培技术

木耳菜（*Basella alba* L.）又称落葵、胭脂菜、豆腐菜等，为落葵科（Basellaceae）落葵属（*Basella*）一年生蔓性草本植物，按花色可分为红花木耳菜和白花木耳菜两种类型。木耳菜以幼苗、嫩梢或嫩叶供食用，其叶肉肥厚，风味独特，油润柔滑，咀嚼时如吃木耳一般清脆爽口，煮汤、炒食、凉拌均宜。木耳菜营养含量极其丰富，尤其钙、铁等元素的含量甚高，富含维生素 A、维生素 C、B 族维生素和蛋白质，而且热量低、脂肪少，故十分适合老年人食用。除营养丰富外，还有很好的保健功效，经常食用木耳菜具降血压、降胆固醇、益肝、清热凉血、利尿、抗癌防癌等作用，是一种药食兼备的特种蔬菜。

木耳菜在南方栽培极为普遍，近年来北方也广为种植，已成为夏季市场重要的绿叶类蔬菜之一。此外，由于木耳菜能长成茂密的篱笆墙状，姿态优美，故也可作观赏植物栽培。

传统无土栽培木耳菜，会导致产品器官中积累过多的硝酸盐，危害人体健康。而对其进行有机生态型基质槽培，与传统无土栽培相比，不仅简化了栽培管理程序，节省肥料，降低运行成本，对环境无污染，而且产品安全优质，符合"AA"级或"A"级绿色食品蔬菜的生产标准。

3.1.1 特征特性

木耳菜茎肉质，高 3 ～ 4m，直径 3 ～ 8mm，绿色或略带紫红色。叶片大，卵形或心形，长为 3 ～ 9cm，宽为 2 ～ 8cm（图 3-1）。穗状花序，腋生。小花淡红色或淡紫色。花期为 5 ～ 9 月，果期为 7 ～ 10 月。

果实为浆果，卵圆形，直径为 5 ～ 10mm（图 3-2）。种子球形，紫红色，千粒重为 25g 左右。

图 3-1　木耳菜的成年植株

图 3-2　木耳菜的果实

木耳菜为高温短日照植物，喜温暖，不耐寒。种子发芽最适温度为 28 ～ 30℃，植株生长适温为 25 ～ 30℃。在 35℃ 以上的高温，只要不缺水，仍能正常生长发育。其耐热、耐湿性均较强，在高温多雨季节仍然生长良好。

3.1.2　栽培季节和品种选择

（1）栽培季节　木耳菜多为春季播种，也可夏、秋季播种栽培，播种后 40d 左右即可分期分批采收嫩梢、嫩叶上市，可常年供应市场。其中以 4 月份和 7 月份播种产量高、品质好，可陆续采收至深秋。

（2）品种选择　木耳菜的栽培品种一般有红梗木耳菜、青梗木耳菜、大叶木耳菜和白花木耳菜等。宜选用优质、高产、抗病的红梗木耳菜、大叶木耳菜等优良木耳菜品种。

① 红梗木耳菜　别称红叶落葵、红梗落葵（图 3-3）。茎淡紫色至粉红色。叶片深绿色，叶脉及叶缘附近紫红色，

图 3-3　红梗木耳菜

图3-4　大叶木耳菜

叶片卵圆形至近圆形，叶形较小，长宽均为6cm左右。穗状花序，总花梗长3～4.5cm。原产于印度、缅甸等地。

②大叶木耳菜　别称叶落葵（图3-4）。茎绿色。叶片深绿色，心脏形，叶柄有凹槽，叶形较宽大，长15cm，宽8～12cm。穗状花序，总花梗长8～14cm。原产于我国南部地区。

3.1.3　育苗与定植

（1）播种育苗　采用口径和高8～10cm的聚乙烯塑料钵作为育苗容器，育苗基质可组配珍珠岩：草炭＝1:3、蛭石：草炭＝1:3或炉渣：木屑＝1:2等复合基质（图3-5）。木耳菜的种皮厚而坚硬，播种前应先浸种催芽。用50～55℃的热水浸泡种子15min，然后在28～30℃的温水里浸泡6～8h，搓洗干净后在30℃条件下保湿催芽。当种子露白时，即可播种。每钵播1～2粒，深度为2.5～3.0cm。播种后3～4d，幼苗便可出土（图3-6）。

图3-5　组配育苗基质

图 3-6　木耳菜幼苗出土

（2）**定植**　当木耳菜幼苗长出 4 ～ 5 片真叶时定植（图 3-7），株行距为 30cm×60cm，定植后浇足定根水，可用洒水壶浇水（图 3-8），也可用滴灌系统供水。

图 3-7　木耳菜的幼苗定植

图 3-8　定植后浇足定根水

　　木耳菜幼苗定植要点：木耳菜根系不耐缺氧、再生性较差，因此幼苗定植不宜过深，以苗坨表面与基质表面持平即可（图3-9）。

图3-9　注意定植深度

小 贴 士

木耳菜幼苗定植密度

　　根据食用时期、食用部位的不同，木耳菜幼苗定植时的株行距很灵活，采食幼苗或小苗嫩梢的株行距为（15～20）cm×（25～30）cm；采食吊蔓或搭架栽培木耳菜嫩梢或叶片的株行距为（25～35）cm×（60～70）cm。

3.1.4　定植后管理

　　（1）吊蔓和绕蔓　木耳菜的茎为蔓性，缠绕力极强，故须适时吊蔓和绕蔓。当其株高30～35cm时，进行吊蔓，即将撕裂绳的一端系于木耳菜植株的茎基部，另一端系在温室顶部的铁丝上，两端均为活扣

（图 3-10）。第一次人工将木耳菜的主蔓绕于撕裂绳上之后，以后就不用人为操作了，木耳菜会自行绕蔓，不断攀爬向上生长（图 3-11）。

图 3-10　木耳菜植株吊蔓

图 3-11　木耳菜植株自行绕蔓向上生长

技 术 提 示

　　将木耳菜主蔓第一次引上吊绳时，须沿逆时针方向，这符合木耳菜主蔓的自然生长特性（图 3-12）。

图 3-12　注意正确的绕蔓方向

（2）**水肥管理**　有机生态型无土栽培木耳菜，除施足基肥外，平时只需追肥和浇水，不供营养液。定植缓苗后，每天浇水 1 ～ 2 次，每次滴灌 5 ～ 8min，当植株第一次采收后，每天浇水 2 次，上、下午各一次，每次 8 ～ 10min。

采收两三次后可穴施一次撒可富复合肥，每亩用量为 20kg，直至拉秧。

小　贴　士

根部追肥

根部追肥时，肥料至少距离根系 5cm，施肥深度为 10cm，施后覆盖好基质，勿使肥料外露。

3.1.5　采收

木耳菜可采收幼苗或嫩茎叶供食。当木耳菜幼苗长到 15 ～ 20cm 高时便可起苗，方法是：一次性拔下，去除根部基质，捆成小把上市；

以嫩梢、嫩茎叶上市时，可掐取侧蔓 10 ～ 15cm 长的顶梢和主、侧蔓的嫩叶（图 3-13），一般在生长前期每 15 ～ 20d 采收一次，中后期每 10 ～ 15d 采收一次。木耳菜产量较高，一般每亩可达 1500 ～ 2000kg。

图 3-13　采收嫩梢和嫩茎叶

技 术 提 示

木耳菜如何采收嫩梢？

　　木耳菜在苗高 30 ～ 35cm 时留 3 ～ 4 片叶收割头梢（图 3-14），后选留 2 个强壮旺盛的侧芽成梢，其余摘去。收割 2 茬梢后再留 2 ～ 4 个强壮侧芽成梢，其余摘去。在生长旺盛期可选留 5 ～ 8 个强壮侧芽成梢。

图 3-14　木耳菜采收嫩梢

连续采收叶片的木耳菜栽培要点：

以采收叶片供食用的，栽培时应吊蔓、绕蔓（图3-15），还要选留骨干蔓，一般均要选基部强壮侧芽成蔓。当骨干蔓长到顶部铁丝时摘心，摘心后再从骨干蔓基部选留强壮侧芽成蔓。

图3-15　木耳菜吊蔓栽培，采收叶片

3.2
苦苣菜平面深液流技术

　　苦苣菜（*Cichorium endivia* L.）别名滇苦菜、苦苣、花菊苣、明目菜等，为菊科（Compositae）菊苣属（*Cichorium*）一年生或二年生草本植物。原产于欧洲，目前世界各国均有分布。苦苣菜以幼株或叶片供食用，脆嫩爽口，清香中略带苦味。含有丰富的氨基酸、维生素、糖类，以及锌、铜、铁、锰等微量元素，还含有胆碱、酒石酸、苦味素等化学物质。食用苦苣有助于促进人体内抗体的合成，增强机体免疫力，预防疾病，促进大脑机能。因此苦苣备受青睐，在我国除气候和土壤条件极端严酷的高寒草原、荒漠戈壁和盐碱等地区外，几乎种植可遍布全国各地区。

　　苦苣菜可采用多种无土栽培方式进行生产，如各类水培、固体基质培等。其中，尤以水培效果最佳。采用平面深液流技术种植苦苣菜，不仅生长速度快，经济效益较高，还可以同时展示其观赏性，成为旅游休闲农业模式中的一个重要项目。

3.2.1　特征特性

　　苦苣菜根系分布浅，须根发达（图3-16）。茎短缩，叶片互生于短缩茎上，浅绿色，叶狭长或呈长卵形（图3-17），根据叶形分为阔叶种和皱叶种两类。阔叶种叶片宽而平，皱叶种叶片窄而皱缩。我国当前栽培的主要为皱叶种。小花浅蓝色，头状花序。苦苣菜单株重为0.5kg 左右。种子千粒重为 0.8 ～ 1.2g。

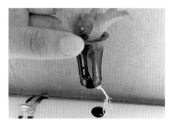

图 3-16　苦苣菜的根系

图 3-17 苦苣菜植株

苦苣菜为半耐寒性蔬菜，喜冷凉气候，较耐寒。耐热性强于生菜。高温不利于发芽，15～20℃下，2～3d可发芽。幼苗生长适温为15～20℃，叶丛生长适温为12～18℃。属长日照植物。苦苣菜营养生长阶段忌高温，经低温春化后，在高温、长日照下易抽薹、开花、结实，失去商品价值。

3.2.2　栽培季节和品种选择

（1）**栽培季节**　苦苣菜性喜冷凉，忌高温，因此栽培上应避开炎夏。但是，如果采用温室、大棚及遮阳等设施，根据市场需求可一年四季安排种植，实现周年供应，取得较高的经济效益。

（2）**品种选择**　应选用早熟、耐热、不易抽薹的品种，如美国碎叶苦苣（图 3-18）、荷兰苦苣（图 3-19）等。

图 3-18　美国碎叶苦苣　　图 3-19　荷兰苦苣

3.2.3　播种育苗

（1）**播种**　采用基质苗床育苗。床宽为 1.2m，床长为 6.5m，床深为 10cm（图 3-20）。基质可用草炭∶珍珠岩＝2∶1 或草炭∶珍珠岩∶蛭石＝2∶1∶1 的混合基质。在苗床上按 8 ～ 10cm 的行距开沟，沟深为 1.0cm。将催出芽的种子均匀地撒在沟内。播后覆盖好基质，浇透水。最后盖上塑料薄膜，保温保湿，促进尽快出苗。

图 3-20　基质育苗床

（2）**苗期管理**　育苗营养液可用日本园试通用配方的 1/3 剂量，从第 1 片真叶长出后开始施用。苗期温度控制在昼为 18 ～ 20℃、夜为 8 ～ 10℃。一般当苗龄 25 ～ 30d、幼苗具 4 ～ 5 片真叶时即可移栽。

3.2.4　移栽及移栽后的管理

（1）**移栽**　将苦苣菜幼苗从苗床起出，先用清水洗净根部残留的基质，再用药剂消毒。处理好后移入定植杯中，使其根系从定植杯底部伸出，随即把定植杯放入水培槽上定植板的定植孔内（图 3-21）。注意水培槽要事先盛满营养液。

（2）**营养液管理**

① 配方选择　可选用日本山崎莴苣配方、日本园试通用配方（1/2 剂量）、华南农大叶菜 B 配方等。

图 3-21 将幼苗连同定植杯移入水培槽上定植板的定植孔内

② pH 值和液温控制　苦苣菜耐酸性差，生长适宜 pH 值为 6.0～6.9；营养液温度控制在 15～18℃。

③ 浓度调整　在生产上，水培苦苣通常全生育期只使用同一种配方，但应根据不同生长时期对养分数量的需求，及时调节营养液的浓度。苗期 EC 值宜控制在 0.7～0.8mS/cm，定植初期控制在 1.4～1.6mS/cm，旺盛生长期增大至 2.0～2.4mS/cm，后期可逐渐降低。

④ 供液方式　采用间歇循环方式供液。白天上、下午各循环 1～2 次，每次 20～30min，夜间不循环。

（3）环境调控　苦苣菜水培的环境调控主要是温度管理。当昼温高于 25℃时，应采取通风、遮阳、微喷等降温措施使气温保持在白天 15～20℃，夜间 10～12℃。

3.2.5　采收

水培苦苣菜生长速度快，生育期短。通常移栽后 1～2 个月，当叶片充分长大、叶丛丰满、单株重达 500g 左右时便可整株采收（图 3-22）；也可掰叶分批次采收（图 3-23），扎把或装袋上市（图 3-24）。

图 3-22　苦苣菜整株采收　　　　图 3-23　苦苣菜掰叶分批次采收

图 3-24　苦苣菜装袋上市

空心菜有机生态型基质槽培技术

空心菜（*Ipomoea aquatica* Forssk.），学名蕹菜，又名藤藤菜、通心菜、竹叶菜等，为旋花科（Convolvulaceae）番薯属（*Ipomoea*）一年生或多年生蔓性草本植物。花白色，喇叭状。因其茎秆是空心的，故称"空心菜"。原产于我国热带多雨地区，主要分布于岭南一带，采收期长，是夏秋季普遍栽培的绿叶蔬菜。其食用部位为幼嫩的茎叶，可炒食、凉拌，或做汤等，风味类似于菠菜。空心菜营养丰富，每100g鲜品中含钙147mg，居叶菜首位，维生素A比番茄高4倍，维生素C比番茄高17.5%。

对空心菜进行有机生态型基质槽培（图3-25），可生产出"AA"级或"A"级绿色食品蔬菜。

图3-25　空心菜有机生态型基质槽培

3.3.1 特征特性

蕹菜茎蔓生或漂浮于水面。植株光滑无毛，茎圆形，节间中空，节处易生不定根。单叶互生，叶片长卵状，也有披针形或三角形。聚伞花序腋生，花白色或紫色，花期7～8月（图3-26）。

图 3-26　空心菜的特征

蕹菜性喜高温多湿环境，种子发芽需15℃以上，茎叶生长适温为25～30℃，能耐35～40℃的高温，15℃以下茎叶生长缓慢，10℃以下停止生长，遇霜枯死。北方地区适于在高温夏季栽种，冬季因温度低，即使在日光温室种植也不易出芽，就是出了芽，茎叶生长也缓慢，水培蕹菜常出现缺素生理病害。蕹菜喜欢充足的阳光，但对密植有一定的适应性。

3.3.2 栽培季节、栽培类型与品种

（1）**栽培季节**　空心菜耐热性强，露地栽培从春到夏均可进行，播种时间一般为：长江中下游地区4～10月，北方地区4～7月。在保温性能较好的温室、大棚等保护设施内，可根据当地市场行情周年生产，随时收获。

（2）**栽培类型与品种**　根据是否结实，空心菜可分为子蕹和藤蕹两种类型。

① 子蕹　用种子繁殖，也可无性繁殖。生长势旺盛，茎较粗，叶片大，叶色浅绿，夏秋开花结籽，是主要的栽培类型。品种有：广州早熟大骨青、高产大鸡白、泰国空心菜、吉安蕹菜、青梗子蕹菜等。

② 藤蕹　一般很少开花结籽，用扦插繁殖。品质较子蕹好，生育期更长，产量更高。以水田或沼泽栽培居多，也可旱地栽培。主要品种有细通菜、丝蕹、大蕹菜、博白小叶尖等。

3.3.3　育苗及定植

（1）育苗

① 播种育苗　采用口径 8.0 ～ 10.0cm 的聚乙烯塑料钵作为育苗容器，育苗基质选择珍珠岩：草炭＝1：3 的复合基质。因空心菜种子的种皮较硬而厚（图 3-27），为促进发芽，播种之前应先用 50 ～ 55℃温汤浸种 0.5h，再换普通浸种 24h，然后置于 30℃下催芽。种子露白后播种（图 3-28），每钵播 1 ～ 2 粒，深度为 2.5 ～ 3.0cm。一般播种后 7 ～ 10d 可出齐苗（图 3-29）。

图 3-27　空心菜的种子

图 3-28　播种

图 3-29　空心菜幼苗出土

　　② 扦插育苗　空心菜的茎节上易生不定根，因此，生产中除播种育苗外，也可采用扦插育苗。选取健壮的空心菜母本植株，按要求制作标准插穗（图 3-30）。将剪切好的空心菜插穗直接插到水里培养，适温条件下，6 ～ 7d 即可生根成活（图 3-31、图 3-32）。

扦插育苗技术

图 3-30　选取空心菜母本植株，制作插穗

图 3-31　将空心菜插穗置于水盆中

（2）**定植**　播种后两个半月左右，当空心菜幼苗具 5 ～ 6 片真叶时定植。定植时株行距为 25cm×70cm（图 3-33）。

图 3-32　空心菜插穗生根成活

图 3-33　定植后的空心菜

3.3.4　定植后管理

有机生态型无土栽培空心菜，除施足底肥外，平时只需追肥和浇水，不供营养液。定植缓苗后，每天浇水 1 ～ 2 次，每次滴灌 10min，当秧苗长到 10 ～ 15cm 高后，每天浇水 2 ～ 3 次，每次滴灌 10 ～ 15min。

缓苗后可穴施一次撒可富复合肥，每亩用量为 20kg。第一次采收后，再追施一次复合肥，每亩用量为 25kg，直至拉秧。

3.3.5　采收

空心菜可一次性采收（图 3-34），也可连续多次采收（图 3-35）。若一次性采收，可在株高 30 ～ 35cm 时整株采收上市。如果连续采收，可在株高 25 ～ 30cm 时采摘嫩侧枝上市，长度通常为 10 ～ 15cm。第 1 次采摘，侧枝基部留 2 个节，第 2 次采摘将侧枝基部留下的第 2 个节发育形成的侧枝采下，第 3 次采摘将侧枝基部留下的第 1 个节发育形成的侧枝采下，依此类推。这种采摘方法，可使连续采收的空心菜茎蔓始终保持粗壮。

　　一次性采收，每亩产量一般可达 2000kg。多次采收每亩产量可达 4000kg，甚至更高。

图 3-34　空心菜一次性采收　　　　　图 3-35　空心菜连续采收

3.4

油菜立柱叠盆式基质培技术

油菜（*Brassica napus* L.）又称青菜、不结球白菜等，为十字花科（Cruciferae）芸薹属（*Brassica*）一年生或两年生草本作物。原产于我国，在全国各地均有栽培，长江以南为主要产区，是我国城乡居民喜食的绿叶类蔬菜。油菜的营养丰富，每 100g 鲜菜中含蛋白质 1.4 ～ 2.5g、碳水化合物 2.3 ～ 3.2g、纤维素 0.6 ～ 1.4g、维生素 C 30 ～ 40mg。由于油菜的耐寒性、耐热性较强，不但可作为早春上市的鲜菜，而且采用保护地及露地等多种栽培方式，全年可排开播种，分期上市，可周年向市场供应。油菜的全株叶片及叶柄可供食用，也可腌渍或制成脱水菜。油菜性甘温，有通利胃肠、消食下气的功效。

3.4.1 生物学特性

（1）植物学特征 油菜根系浅，须根发达，再生能力强，适合育苗移栽。在油菜的营养生长期，茎部短缩，短缩茎上着生莲座叶，叶片形状有圆形、卵圆形、椭圆形、汤匙形等。叶面平滑或稍皱、皱缩，少数品种具有茸毛。叶柄肥厚，横切面呈扁平、半圆或偏圆形，叶柄一般无叶翅，色泽有白、绿白、浅绿、绿、深绿等色（图 3-36）。花茎上的叶一般无叶柄，抱茎或半抱茎。复总状花序（图 3-37）。完全花，花冠黄色，花瓣 4 枚，十字形排列。雄

图 3-36　油菜植株

蕊 6 枚，花丝 4 长 2 短。雌蕊 1 枚，由 2 个柱头合生而成，柱头外形圆盘状。虫媒花，异花授粉。果实为长角果，内含近圆形种子 10～20 粒，成熟角果易开裂，需及时收获（图 3-38）。种子千粒重为 1.5～2.2g，使用年限为 2～3 年。

图 3-37　油菜的复总状花序

图 3-38　油菜的果实

（2）**生育周期**　油菜的生育周期可分为营养生长阶段和生殖生长阶段两个阶段。营养生长阶段包括发芽期、幼苗期和莲座期。生殖生长阶段包括抽薹孕蕾期和开花结果期。在幼苗期主要是叶数的增加，成株期主要是叶重的增加。油菜以莲座叶为产品，主要是由第九至第二十四片莲座叶的重量构成单株产量，在生长后期，叶柄重量占总叶重的 75%～80%，它是养分的主要贮藏器官。

（3）**对环境条件的要求**　油菜喜冷凉气候。种子发芽适温为 20～25℃，发芽最低温度为 4～8℃，最高温度为 40℃。植株生长的适温为 18～20℃，在 −3～−2℃能安全越冬，有的品种可耐 −10～−8℃的低温。当气温达到 28℃以上的高温和干燥条件下，植株生长衰弱并易感染病毒病。油菜水分和养分的需要量随植株生长的加快而增多，为了在生育期短的时间内生产出高产、优质的产品，除要提供适宜的温度和光照外，还要有充足的营养供应。当水分不足时，油菜的生长缓慢，组织老化，纤维增多，品质下降。氮肥不足时也会明显影响油菜的产量与品质。

3.4.2 栽培季节和品种选择

（1）**栽培季节** 从第一年9月至次年3月均可种植，11月至次年4月都可收获。

（2）**品种选择** 适宜日光温室无土栽培的品种有上海三月慢、上海四月慢、青帮油菜、白帮油菜、矮抗1号等。

3.4.3 育苗与定植

可在定植前30～40d育苗，当油菜幼苗具有4～5片真叶时即可定植（图3-39）。每个种植穴移栽1株幼苗，每只花盆可定植3株（图3-40）。

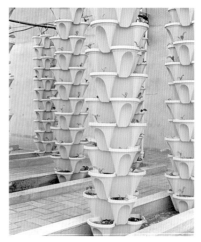

图3-39 油菜适龄幼苗   图3-40 油菜幼苗定植

秧苗定植后要注意保温，以促进缓苗成活。白天保持在25～30℃，夜晚15℃。缓苗成活后室温白天降至20～25℃，夜晚10～15℃。

3.4.4 营养液管理

（1）**配方选择** 可选择日本山崎莴苣营养液标准配方。配方组成为：四水硝酸钙236mg/L、硝酸钾404mg/L、磷酸二氢铵57mg/L、七水硫酸镁123mg/L。

（2）**浓度调整** 缓苗后开始浇灌营养液，用原配方的一个剂量；到生长中期（图3-41）将营养液的浓度提高至原配方的1.5个剂量，直到采收结束。

（3）**供液次数** 每天滴灌供液两次，上午、下午各一次，每次供液20～30min。

图3-41　油菜生长中期

3.4.5 采收

立柱叠盆式基质栽培油菜生长速度较快，因此，以小苗应市的，一般定植后30～35d即可采收；以成株上市的通常定植后45～50d可收获（图3-42）。

图3-42　油菜成株期

3.5

芹菜多层床式立体水培技术

芹菜（*Apium graveolens* L.）为伞形科（Umbelliferae）芹属（*Apium*）中能形成肥嫩叶柄的二年生草本植物。原产于地中海沿岸的沼泽地带，于汉代传入我国。芹菜在我国南北方均可栽培，在叶菜类蔬菜中占有很重要的地位。

芹菜以肥嫩的叶柄供食用，可炒食、凉拌和做馅。富含多种维生素和矿物质，且含挥发性芳香油，有增进食欲、调和肠胃、解腻助消化、平肝清热、调经镇静、降低血压及健脑等功能。

3.5.1 栽培设施

请见第 1 章的相关内容。

3.5.2 生物学特性

（1）植物学特征

① 根　直根系，主根较发达，根系分布浅，多数根群分布在 10 ～ 20cm 的表土范围内。根的吸收能力较弱，耐旱、耐涝能力较差。

② 茎　芹菜的茎在未抽薹前为短缩茎，花芽形成后，短缩茎开始伸长，抽薹，并从叶腋中形成很多分枝。

③ 叶　叶着生在短缩茎的基部，叶片为 1 ～ 2 回羽状深裂，每片叶由 2 ～ 3 对小裂片和 1 个顶端小裂片组成，边缘锯齿状。叶色由黄绿到深绿。叶柄长而肥厚，为主要的食用部分，有绿、黄绿和白色之分，在叶柄维管束附近的薄壁细胞中分布着油腺，其分泌的挥发油具有独特

的芳香味。叶柄长 30 ～ 100cm，占全株重的 70% ～ 80%（图 3-43）。

④ 花　芹菜从叶腋中产生很多分枝，每次分枝形成复伞形花序。每个小伞形花序上有 12 ～ 18 朵小花，花白色，虫媒花，异花授粉，但自交也能结实。

⑤ 果实和种子　果实为双悬果，成熟时沿中缝裂为两半，半果近似扁圆形，内中各有 1 粒种子，非常细小，褐色。生产上播种用的种子实为双悬果，千粒重为 0.4 ～ 0.5g。

图 3-43　芹菜的叶片和叶柄

（2）生育周期　芹菜的生育周期可分为营养生长和生殖生长两个阶段。

营养生长阶段又可分为以下五个时期：

① 发芽期　是从种子萌动到子叶展开，在 15 ～ 20℃下需 10 ～ 15d。

② 幼苗期　是从子叶展开至 4 ～ 5 片真叶形成，在 20℃左右需 45 ～ 60d。

③ 叶丛生长初期　是从 4 ～ 5 片真叶至 8 ～ 9 片真叶，株高 30 ～ 40cm，在 18 ～ 24℃的适温下，需 30 ～ 40d。

④ 叶丛生长盛期　是从 8 ～ 9 片叶至 11 ～ 12 片叶，叶柄迅速肥大，生长量占植株总生长量的 70% ～ 80%，在 12 ～ 22℃下，需 30 ～ 60d。

⑤ 休眠期　在低温下越冬，被迫休眠。

生殖生长阶段又可分为花芽分化期、抽薹期和开花结果期三个时期。

芹菜是绿体春化作物，在 5 ～ 15℃低温，苗龄 30d 以上，具有 2 ～ 3 片真叶，茎粗为 0.5cm 时，即可进行花芽分化。

（3）对环境条件的要求

① 温度　芹菜属半耐寒性蔬菜，要求较冷凉湿润的环境条件。种子发芽最适温度为 15 ～ 20℃，低于 15℃或高于 25℃，就会降低发芽率或

延迟发芽的时间。营养生长阶段的其他时期最适昼温为 20 ～ 22℃，夜温为 13 ～ 18℃，根际适温为 10 ～ 20℃。

② 光照　芹菜属于低温长日照植物。一般条件下幼苗在 2 ～ 5℃ 低温下，经过 10 ～ 20d 可完成春化。以后在长日照条件下，通过光周期而抽薹。芹菜光补偿点为 2000lx，光饱和点为 45klx，适宜光照强度为（10 ～ 40）klx。

③ 土壤营养　芹菜对土壤水分和养分要求较严格，保肥保水力强、有机质丰富的土壤最适宜生长。适宜的土壤酸碱度为 6.0 ～ 7.4，土壤中 N、P、K 适宜的比例为 1：0.4：2。

3.5.3　栽培季节和品种选择

（1）栽培季节　以西芹为例，河南地区日光温室西芹无土栽培的茬口安排见表 3-1。不同品种、不同地区在播种、定植与采收时间上存在一定的差异。如北方地区秋冬茬较河南地区的播种时间提前至 6 月下旬 ～ 7 月上中旬。因西芹相对不耐热，北方温室大多选择春秋季节栽培西芹。如果栽培环境条件能调控到位，可以实现周年生产。

表 3-1　温室西芹无土栽培茬口安排

茬口安排	秋冬茬	越冬茬茬	冬春茬	春夏茬	夏秋茬
播种时间	8 月中下旬	10 月中下旬	12 月中下旬	2 月中下旬	4 月中下旬
定植时间	10 月中下旬	12 月中下旬	2 月中下旬	4 月中下旬	6 月上旬

（2）品种选择　芹菜的品种类型分为本芹和西芹两大类。本芹又称中国芹菜，株高为 80 ～ 100cm，直立，叶柄细长易空心，宽为 1.5 ～ 2.0cm，单株重为 0.5 ～ 1.0kg。香辛味浓，纤维多，但耐寒性与耐热性强，生长期短，是我国主要的栽培类型。依叶柄色泽可分为青芹和白芹，依叶柄的髓部大小可分为实心芹和空心芹，目前栽培品种多为实心芹，味浓，耐热。西芹又称西洋芹菜，是芹菜的一个变种。株高为 60 ～ 80cm，叶柄肥厚，宽达 2.0 ～ 3.0cm，实心，单株重为 1.0 ～ 2.0kg。质地脆嫩，纤维少，香味较淡，耐热性不及本芹，生长期长。依叶柄色

泽可分为青柄和黄柄,栽培品种均为实心。

可供选择的本芹品种有津南 1 号、上海黄心芹、开封玻璃脆、大叶岚芹、天津马厂芹菜等;西芹品种有意大利冬芹、佛罗里达 683、高优它 52-70、美芹、日本西芹等。

3.5.4 播种育苗

西芹无土育苗一般采用育苗床或育苗盘育苗的方式。育苗床规格为宽 1.0 ～ 1.5m、深 5 ～ 10cm,长度依棚室跨度而定。育苗基质可采用蛭石与草炭按 2:1 组配的复合基质。种子在催芽前需浸泡 12 ～ 24h,同时搓掉种子表面的蜡质,边搓边水洗,直到无褐色汁液为止,目的是加快萌芽。一般在催芽 6 ～ 9d 有 2/3 以上种子露白后即可播种。为了撒播均匀,可将细小的露白种子与细沙按 1:(4 ～ 10)的体积比混拌。播种后出苗期苗床温度控制在 20 ～ 22℃,齐苗后降温到 18 ～ 20℃,并保持基质湿润。当幼苗长至 2 ～ 3 片真叶时分苗。分苗时将幼苗用无纺布固定到定植杯中,以利于吸收营养液。

营养液选用日本山崎鸭儿芹配方,浓度为 1/4 剂量(EC 值为 1.1mS/cm 左右),深度控制在 3cm 左右。西芹性喜阴凉,苗期温度控制在 15 ～ 20℃,高温季节可采用遮阳网和喷水等措施降温。

西芹壮苗标准为苗高 12 ～ 15cm、茎粗 3 ～ 5mm,具 5 ～ 6 片真叶,颜色翠绿或深绿。

3.5.5 定植及定植后的管理

(1)**定植** 当苗龄 40 ～ 50d。达到育苗标准后定植。注意幼苗移栽深度,过浅易倒苗,过深易埋心,根系要接触到营养液。

(2)**定植后的管理**

① 营养液管理 营养液亦选用日本山崎鸭儿芹配方。配方组成为 $Ca(NO_3)_2 \cdot 4H_2O$ 580mg/L、$MgSO_4 \cdot 7H_2O$ 240mg/L、$NH_4H_2PO_4$ 228mg/L、

KNO₃ 630mg/L，铁和微量元素按常规用量。缓苗后西芹恢复生长，大约在定植 10d 后用 1/2 剂量的营养液（EC 值为 1.4mS/cm 左右）。随着植株生长，营养液的吸收量也在增加，营养液浓度应逐渐提高，供液次数相应增加。定植 10 ～ 30d 后改用 3/4 剂量的营养液（EC 值为 1.8mS/cm 左右），30d 后改用标准剂量的营养液（EC 值为 2.2mS/cm 左右）。定植初期每天循环供液 1 ～ 2 次，后期改为 2 ～ 3 次，每次供液 30 ～ 40min。营养液的 pH 值保持在 6.5 左右。

② 环境调控　西芹耐寒、怕热、惧强光，需肥水多。在较长的生育期（一般为 80 ～ 90d）内，要求昼温保持在 20 ～ 22℃，夜温 13 ～ 15℃，空气湿度 70% ～ 85%，注意通风透光。

3.5.6　采收

一般在定植后 3 个月采收（图 3-44）。将西芹植株取出，去根去老叶，每 2 ～ 3 株捆扎即可包装上市。要求株高为 40cm 左右，单株重为 0.8 ～ 1.5kg，无病虫害。

图 3-44　采收适期的西芹

3.6

莴苣立柱叠盆式水培技术

莴苣（*Lactuca sativa* L.）又名结球莴苣、叶用莴苣（生菜）等，为菊科（Compositae）莴苣属（*Lactuca*）中的变种，一年生或二年生草本植物，原产于中国、印度及地中海沿岸地区。莴苣营养丰富，并可全株入药，味甘苦，性凉，利五脏、通经脉、清胃热等，对坏血病有特效，欧美各国普遍食用，做色拉拼盘，常年需要。其与番茄、甜椒、黄瓜并列为温室无土栽培四大菜类。近年来在我国北方城市郊区也有一定的栽培面积。

3.6.1 无土栽培方式

由于莴苣生长快，换茬快，便于管理，所以适合周年栽培，特别是水培，如立柱叠盆式水培、平面床式管道水培（图3-45）、立体管道水培（图3-46～图3-48）、平面漂浮水培（图3-49）等。采用水培技术

图3-45 平面床式管道水培　　　图3-46 单面墙式立体管道水培

生产莴苣，产品不仅清洁卫生，产量较高，还具有一定的观赏价值、较高的经济效益和社会效益。

其他栽培方式还有各种固体基质培等。在此主要介绍莴苣的立柱叠盆式水培技术（图3-50）。

图3-47　斜面墙式立体管道水培

图3-48　双面墙式立体管道水培

图3-49　平面漂浮水培

图3-50　立柱叠盆式水培

3.6.2　生物学特性

（1）植物学特征　莴苣根系浅，须根发达，根群主要分布在20～30cm的土层中（图3-51）。在营养生长期茎短缩，一般只有1～3cm长（图3-52），在茎上着生的叶称为根出叶，互生于短缩茎上，有披针形、椭圆形、倒卵圆形和近圆形，叶面平展或皱缩，叶缘波状或浅裂。叶色分为绿、黄绿和紫红色（图3-53）。不结球生菜以叶片供食用，结球生菜则以叶球供食用。叶球有圆球形、圆锥形、圆筒形等。生菜属于高温感应型蔬菜，在高温条件下诱导抽薹开花，花茎高达 60 ～ 110cm（图 3-54）。小花浅黄色，花序为圆锥花序（图 3-55），每一花序有花 20 朵左右，自花授粉，果实为瘦果。种子有黑色、黄褐色或银白色，成熟时附有冠毛，能随风飞散，千粒重为 0.8 ～ 1.2g。

图 3-51　莴苣的根系

图 3-52　莴苣的营养茎

图 3-53　莴苣的根出叶

图 3-54　莴苣的花茎（生殖茎）

（2）**生育周期**　莴苣的整个生育周期可分为营养生长和生殖生长两个阶段。营养生长阶段分为发芽期、幼苗期、莲座期、产品器官形成期四个时期。生殖生长阶段分为抽薹期、开花结果期两个时期。

发芽期是指从播种至第一片真叶"破心"，需 8 ～ 10d；幼苗期是指从"破心"至第一个叶环的叶片全部展开，即"团棵"，每叶环有 5 ～ 8 枚叶片，需 20 ～ 25d；莲座期是指从"团棵"至第二叶环的叶片

图 3-55 莴苣的花序

全部展开，结球莴苣心叶开始抱合（卷心），需 15～30d；产品器官形成期是指结球莴苣从卷心到叶球成熟，而皱叶莴苣则以齐顶为成熟标志，需 15～25d。

莴苣在 2～5℃的条件下，10～15d 就可以通过春化作用，由营养生长转入生殖生长。从抽薹至开花约需 15d。花后 15d 左右瘦果即成熟。

（3）对环境条件的要求

① 温度　种子发芽的最低温度为 4℃，发芽最适温度为 15～20℃，30℃以上发芽受阻，所以夏季播种的种子要经过低温处理。莴苣幼苗可耐 -6～-5℃的低温，幼苗生长的适温为 12～20℃，成株生菜耐寒力较差，在 0℃以下容易受冻。生长期适温为 11～18℃，如果日均温度超过 24℃（夜间 19℃以上），植株容易徒长，抽薹减产。生菜开花结实期的适温为 22～28℃，这时如果温度下降到 10～15℃以下，虽然能开花但结实率太低。结球莴苣生长的适温为 17～18℃，对适温要求较严，如果温度上升到 21℃以上时，一般不能形成叶球，高温还能引起心叶腐烂坏死。

② 光照　莴苣是喜阳性作物，日照充足才会苗壮，叶片肥厚；长期阴雨、遮阴密闭，影响叶片和茎部的生长发育。生菜是长日照植物，在春、夏长日照条件下抽薹开花，生育速度也随温度升高而加快，早熟品种较敏感，晚熟品种反应较迟钝。莴苣种子是需光的，在发芽时，给予散射光，能促进发芽。播种以后给予适宜的温度、水分和氧气，不覆土或浅覆土时，均比覆土较厚的种子发芽快。

③ pH 值　适宜 pH 值为 6.0～7.0。

3.6.3 栽培季节和品种选择

（1）**栽培季节** 日光温室从当年 9 月至翌年 4 月均可种植莴苣。

（2）**品种选择** 目前，立柱水培一般选用皱叶莴苣，如软尾莴苣、玻璃生菜、红叶生菜、长叶生菜、奶油生菜、意大利莴苣、美国大速生、四季用秀水等。表现为易管理、生长快、产量高、品质好、四季均可栽培、适应市场需求等特点。

3.6.4 播种育苗

采用育苗畦育苗。畦宽为 1.2 ～ 1.5m，长为 6.0m，深为 10 ～ 15cm（图 3-56）。基质可用草炭：蛭石＝2：1 或草炭：珍珠岩：蛭石＝3：1：1 的复合基质（也可用土壤），每立方米基质中混入复合肥 0.5 ～ 1.0kg。播前将基质浇透水，待水渗下后开沟条播，沟距为 8.0 ～ 10cm，播种深度不宜超过 1.0cm。低温季节，应搭盖塑料小拱棚，以保温保湿。

图 3-56 莴苣育苗畦育苗

苗龄：春、秋为 30d，夏季为 20d，冬季为 40d，达 4 ～ 5 片真叶时移栽。

3.6.5 移栽

把莴苣适龄苗小心挖出，置于多菌灵 800 倍液中消毒 10min（图 3-57），然后用清水洗净其上残余的药剂和基质，将幼苗移入定植杯内，使其根系在定植杯底部伸出，随即将定植杯放入立柱上的盆钵及定植板的定植孔中（图3-58）。注意栽培槽和立柱上的盆钵要事先盛满营养液。立柱叠盆式水培莴苣，在其定植后营养生长期，需要向上提苗1～2次，即定植缓苗后，待水生根形成及植株长到8～9片叶时，进行第1次提苗，中期再提苗1次，最后使其根颈部位与定植杯沿口平齐，以利于莴苣生长和采收。

图3-57　莴苣幼苗消毒　　　　　　　图3-58　莴苣幼苗移栽

3.6.6　营养液管理

（1）**配方**　使用改进型营养液配方，组成（单位为mg/L）：四水硝酸钙236、硝酸钾454、磷酸二氢钾68、七水硫酸镁123，不加微量元素。pH值调至6.8。

（2）**浓度调整**　定植初期，采用配方的0.5个剂量，进入旺盛生长期提高到1个剂量，以后根据长势可再增加至1.5个剂量。

（3）**供液方式**　采用间歇循环式供液。在定植初期，为促进生根缓苗，每天白天供液三次，每次20～30min。进入旺盛生长期，每天白天上午、下午各循环一次，每次20～30min。夜间不供液。

3.6.7 采收

待莴苣植株长到 11 ～ 13 片真叶，心叶稍向侧偏卷，株重 150g 左右时，即可采收（图 3-59）。可一次性整株采收或连续掰叶采收，装袋上市销售（图 3-60），产量一般为 1500 ～ 2000kg/ 亩。从定植后至采收春秋为 40 ～ 45d，夏季为 30 ～ 35d，冬季为 50 ～ 55d。

图 3-59　莴苣采收适期

图 3-60　莴苣掰叶装袋

第 4 章

芽苗菜
无土栽培技术

4.1　芽苗菜生产概述

4.2　芽苗菜生产例举

芽苗类蔬菜是一种新兴蔬菜，栽培方式灵活多样，其无土栽培技术完全不同于其他蔬菜。本章主要介绍目前生产上栽培较普遍、有较高营养价值和经济效益的芽苗类蔬菜。

芽苗菜生产概述

4.1.1　芽苗菜的含义与类型

利用植物种子或其他营养器官，在黑暗或弱光条件下可直接培育出供食用的嫩芽、芽苗、芽球、幼梢等的蔬菜，称为芽苗菜、芽菜等。根据营养来源的不同，可将其分为籽芽菜（种芽菜）和体芽菜两大类型（表4-1、图4-1、图4-2）。

表4-1　芽苗菜的类型

类型	含义	实例
籽芽菜	利用种子中贮藏的养分，直接培育成的幼芽或芽苗	绿豆芽、豌豆芽、黄豆芽、萝卜芽、苜蓿芽、芥菜芽、荞麦芽、蕹菜芽、花生芽等
体芽菜	利用植物的营养器官，如宿根、肉质直根、变态茎或枝条培育成的芽球、嫩芽、嫩茎或幼梢	苦荬菜、蒲公英、菊花脑、姜芽、竹笋、菊苣、刺嫩芽、香椿芽、豌豆尖、佛手瓜尖、紫背菜嫩梢、辣椒尖等

图4-1　籽芽菜

图 4-2 体芽菜

4.1.2 芽苗菜的生产优点

生产芽苗菜的优点包括以下几项。

（1）营养丰富，品质好，具有一定的保健功能 芽苗菜中含有丰富的维生素。每百克芽菜所含维生素 C 如下：豆芽 16 ～ 30mg、香椿芽 50mg、萝卜芽 51mg、苜蓿芽 118mg。维生素 A、维生素 B、维生素 E 等的含量也极其丰富，如大豆发芽之后，核黄素增加 2 ～ 4 倍，胡萝卜素增加 2 ～ 3 倍，尼克酸增加 2 倍。萝卜芽维生素 A 的含量是柑橘的 50 倍，可达 2.4mg/100g，而蒲公英嫩芽的含量达 4.2mg/100g。

芽苗菜有抗疲劳、抗衰老、抗癌以及减肥、美容等多种功效：①润肠通便；②降脂、降胆固醇；③调节体能；④净化血液、改善酸性体质；⑤美肤养颜；⑥延缓衰老；⑦防治肥胖。

（2）生长周期短，复种指数高，经济效益大 芽苗菜在适宜的温、湿度条件下，最快 5 ～ 6d，最慢也只有 20d 左右就可完成一个生长周期，平均一年可以生产约 30 茬，复种指数是一般蔬菜的 10 ～ 15 倍。以豌豆芽苗为例，每千克豌豆种子（4 元 /kg）约可形成 3.5kg 芽苗产品（4 ～ 6 元 /kg），生长期 10 ～ 15d，每千克豌豆芽菜纯收入可达 10 ～ 17 元。

（3）栽培形式灵活多样，容易操作 芽苗菜既可在废弃房舍生产，是农家庭院、居民楼台发展绿色蔬菜的良好途径，也可在日光温室或改良阳畦中生产。既可进行立体无土栽培，也可用假植囤栽、软化栽培、盆栽、箱栽等多种方式进行栽培。生产技术要求简单，易于掌握和操作。

（4）**环境污染少，产品符合绿色食品的生产标准**　生产芽苗菜所用的种子，多数批量来自边远地区，环境污染少。芽苗菜生长过程中所需营养，主要依靠种子或根、茎等营养器官中贮藏的养分，一般不必施肥和打药，只需在适宜的环境条件下，保证其水分供应，便可培育成功，很少感染化肥及农药。因此，芽苗菜与其他蔬菜相比较容易达到绿色食品的生产标准。

（5）**易于进行规模化、工厂化生产**　芽苗菜多数采用立体无土栽培，易实现工厂化批量生产。现代城市农业必须走工厂化农业这一条道路，利用植物工厂生产芽苗菜，采用立体无土栽培技术，每平方米每日可产2kg芽苗菜，1年约产700kg芽苗菜，折合亩产约46万公斤。面对人口不断增长、可耕地不断减少的现实，发展工厂化生产将是现代农业的好出路。

4.1.3　芽苗菜生产的基本设施与设备

（1）**环境保护设施**　当外界气温高于18℃时芽苗菜可进行露地生产，但必须适当遮阳，避免强光直射，还应注意加强喷水，尽量保持适宜的空气湿度。由于气候条件的局限，露地栽培多为季节性生产，一般难以做到四季生产，周年供应。因此，生产上多选用塑料大棚、单屋面加温温室、日光温室、现代化双屋面加温温室等环境保护设施，进行设施栽培芽苗菜。

环境保护设施主要包括用于催芽及前期生长的催芽室和后期生长与绿化的绿化室两部分。

① 催芽室　催芽室一般可用不太透光的房间或荫棚，最好是能够保持一段时间的黑暗，温度控制在20～25℃之间，而且要有较高的湿度。因为刚催芽的种子在前期的生长期间（一般10～15d之内）要在弱光或黑暗中生长（最好是在黑暗中），这样胚轴和嫩茎的伸长速度较快，而且植株中积累的纤维素较少，口感较好。

② 绿化室　在催芽室中生长了10～15d的芽苗菜，由于没有光照

或光照较弱，个体细瘦，叶绿素含量很低，植株淡黄，此时要将这些芽苗菜放入绿化室中见光生长 2 ～ 3d，个别芽苗菜见光生长时间可长达 4 ～ 10d，这样可使植株绿化而长得较为粗壮。绿化室要求光照条件较好。

绿化室即为大棚或温室。秋、冬季温度较低时可通过覆盖塑料薄膜或加温来保持一定的温度；而在夏季温度较高时，可通过遮阳、喷水等措施来降温。

（2）栽培容器和栽培床架

① 栽培容器　芽苗菜生产的栽培容器一般选择底部有孔的硬质塑料育苗盘。规格有多种，如长 × 宽 × 深＝ 62cm×24cm×5.0cm、长 ×宽 × 深＝ 50cm×30cm×5.0cm 等。这样统一规格的容器可以适应工厂化、立体化、规范化栽培的需要，同时由于重量轻，也易于搬运。还可用专门用于芽苗菜生产的聚苯乙烯泡沫塑料做成的栽培箱或育苗箱（图4-3）。这种栽培箱内有许多四方形小格，每个小格底部有一小孔，便于多余水分或营养液流出，小格中放置种子，深度约为4.0cm，而箱上面的四个角较高，大约高出放置种子小格上部 15 ～ 20cm。可将小箱一箱一箱地叠放在一起而使芽苗菜保持自然生长状态出现在市场上。

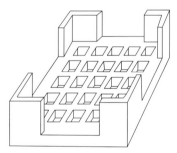

图4-3　芽苗菜生产专用泡沫塑料箱

还有一些地方进行芽苗菜生产时将棚内地面挖出宽约100cm、深10 ～ 15cm 的栽培槽，然后在槽的两侧各平放一层红砖，使得栽培槽的深度为 15 ～ 20cm，内衬一层黑色塑料薄膜，最后放入洁净的河沙作为栽培基质（图4-4）。栽培时将已催芽露白的种子播入栽培槽中，再在种子上面覆盖一层 0.5 ～ 1.0cm 厚的河沙，生长过程中浇水或喷营养液。待芽苗菜长成之后连根一起从沙中拔出，用清水洗净根部河沙即可上市。

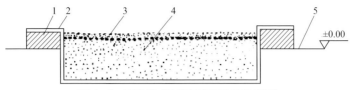

图 4-4　简易槽式沙培芽苗菜生产种植图

1—红砖；2—黑色塑料薄膜；3—种子；4—河沙；5—地面

　　② 栽培床架　为了提高生产场地利用率，充分利用栽培空间，便于实施立体栽培，芽苗菜的生产可在多层栽培床架上进行。每个栽培架可设 4 ~ 6 层，层间距为 30 ~ 40cm，最底下一层距地面 10 ~ 20cm，架长为 150cm，宽为 60cm，每层放置 6 个苗盘，每架共计放置 24 ~ 36 个苗盘。而且架的四个底角应安装万向轮，便于推动（图 4-5）。栽培床架可用角铁制成，也可用木材或竹竿做成。总体要求是整体结构合理，牢固不变形，整架和每一层要保持水平，层间距切忌过小，以免影响芽苗菜长高及后期见光绿化。

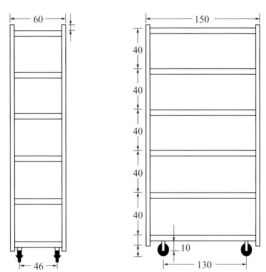

图 4-5　芽苗菜栽培架规格示意图（单位：cm）

　　为便于芽苗菜产品进行整盘活体销售，相应地设计研制了产品集装架。集装架的结构与栽培架基本相同，但层间距离缩小为 20cm 左右，以便提高运输效率。

（3）**栽培基质**　应选用清洁、无毒、质轻、吸水持水能力较强、使用后其残留物易于处理的纸张（新闻纸、纸巾、包装用纸等）、白棉布、无纺布、泡沫塑料、蛭石以及珍珠岩等作为栽培基质。以纸张作基质取材方便、成本低廉、易于作业，残留物很好处理，一般适用于种粒较大的豌豆、蕹菜、荞麦、花生等芽苗菜栽培。其中尤以纸质较厚、韧性稍强的包装纸为最佳。以白棉布作基质，吸水持水能力较强，便于带根采收，但成本较高，虽可重复使用，却带来了残根处理、清洁消毒的不便，故一般仅用于产值较高的小粒种子且需带根收获的芽苗菜栽培。泡沫塑料（直径为 3.0 ～ 5.0mm）基质则多用于种子细小的苜蓿等芽苗菜栽培。近年来采用珍珠岩、蛭石作为基质，栽培种芽香椿等芽苗菜，效果较好，但根部残渣不易清除，影响美观。用细沙作为基质栽培芽苗菜，收获后容易去除根部残渣，但搬运较费劲。

（4）**供水供液系统**　种子较大的芽苗菜，由于种胚中含有较多的营养物质，可维持苗期生长所需，其生产过程一般只需供水即可，如豌豆苗、蚕豆苗、菜豆苗、黄豆苗、绿豆苗和花生苗等。而种子较小的芽苗菜，如小白菜苗、萝卜苗、油菜苗等，单靠种子中贮藏的营养不足以维持苗期生长所需，因此，在出芽几天后就要供给营养液。规模化芽苗菜生产一般均安装自动喷雾装置以喷水或喷灌营养液。简易、较小规模的芽苗菜生产，可采用人工喷水或喷营养液的方法，有条件的也可以安装喷雾装置，以减轻劳动强度和获得较好的栽培效果。

（5）**浸种、清洗容器和运销工具**　浸种及苗盘清洗容器应根据不同生产规模，分别采用盆、缸、桶、砖砌水泥池等，但不要使用铁质金属器皿，否则浸种后种粒呈黑褐色。在容器底部要设置可随意开关的放水口，口内装一个防止种子漏出的篦子，以减轻浸种时多次换水的劳动强度。

由于芽苗菜用种量大，产品形成周期短，要求进行四季生产、均衡供应。一般需每天播种、每天上市产品，因此必须配备足够运输和销售的机械。

4.1.4　芽苗菜生产的基本过程

无论生产哪种芽苗菜，其生产主要包括种子处理（筛选、清洗、消毒、浸种、催芽）、播种、暗室生长、绿化室生长成苗和采收等几个过程（图4-6）。

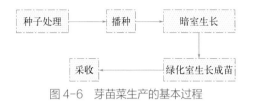

图4-6　芽苗菜生产的基本过程

通过筛选种子，去除瘪粒，保证种子出芽率。种子的清洗和消毒则是洗去沾在种子表面的粉尘等污垢，并且把种子表面的病原菌清除，防止在以后的生长过程中幼苗经常处于高湿条件下而发病。具体可采用热水烫种消毒法，即将经过筛选、去除瘪粒后用自来水洗净的种子放在容器中，取煮开后放置冷却至约80℃的温开水倒入盛有种子的容器内，温开水的用量至少为种子量的一倍以上，经过5～10min后，将温开水倒掉，改倒入冷开水，进行12～24h的浸种。浸种后将冷水倒掉，用湿毛巾或湿纱布将种子包裹后进行催芽。催芽时要特别注意保湿，一般在每12h左右，用30℃温水淋过一次种子，以保持种子湿度，经过2～3d，待种子露白后即完成催芽工作。

将已露白的种子平摊在栽培容器中，撒种量以种子与种子之间紧密排列，而上下不相重叠为宜。等种子播入后，可用一个塑料袋或塑料薄膜罩上栽培容器，进行保温和遮光，也可以不加覆盖而直接放在暗室中生长3～7d，待苗长到10cm高左右时可移入弱光条件和较强光条件下绿化。

从暗室中移出的芽苗菜，个体黄弱，若立即曝晒于直射光下易枯萎，因此应放置在光线较弱的地方（如用遮光率50%～75%的遮阳网覆盖的大棚内）生长2～3d，即可使芽苗菜完成绿化的过程。一般情况下，不需要在很强的阳光下生长，而且绿化的时间也不能太长。因为如果绿化过程太长，光照过于强烈，会使茎秆严重纤维化，品质变差。现有许多地方的简易芽苗菜生产过程是在催芽之后就让幼苗一直处于弱光条件下生长至采收，而不是先放在暗室中生长一段时间，所以，生产出来的芽苗菜纤维含量较高，品质稍差。

4.1.5　芽苗菜生产的技术关键

（1）**注意消毒，防止滋生杂菌**　种植过程所用的器具、基质和种子均需清洗消毒。清洗时须先用自来水或井水清洗，然后再用药剂或温水、热水消毒。种植过程中喷洒的营养液或水也要求是较为干净的，必要时可在种植过程中使用少量的低毒杀菌剂，但须严格控制其使用量和使用时期。

（2）**环境控制应得当**

① 温度　在暗室生长的过程中应将温度控制在 25～30℃ 的范围，如温度过高，易引起徒长，苗细弱，产量低，卖相差，品质变劣。而温度如果过低，则生长缓慢，生长周期延长，经济效益受到影响。

② 光照　在暗室生长过程中要避免光照，一般应始终保持黑暗。幼苗移出暗室后光照也不能过强，应在弱光下生长。因此在温室或大棚栽培时要进行适当的遮光，可在棚内或棚外加盖一层遮光率为50%～75% 的黑色遮阳网。

③ 湿度　在整个生长过程中要控制好水分的供应，如湿度过高，则可能出现腐烂，特别是在暗室培育时更应注意不要供水过多。而放在光照下绿化时要注意水分不能过少，以防止幼苗失水萎蔫。

4.2 芽苗菜生产例举

4.2.1 豌豆苗

豌豆苗是菜用豌豆的幼叶嫩梢，又称龙须豌豆苗、豌豆尖。每百克豌豆苗含胡萝卜素 4.27mg、维生素 C 32.19mg 及多种矿质元素。且色泽鲜绿，口感脆嫩，香味独特，深受人们喜爱。豌豆苗有利尿、止泻、消肿、止痛和助消化等作用。豌豆苗还能治疗晒黑的肌肤，使肌肤清爽而不油腻。

龙须豌豆苗的
栽培技术

豌豆苗既可用育苗盘进行立体栽培，也可用珍珠岩、细沙等作为基质席地生产。

（1）对环境条件的要求

① 温度　豌豆苗耐寒性强，但不耐热。种子发芽适温为 18 ～ 20℃，植株生长适温为 15 ～ 20℃。温度过高，苗体易徒长，叶片薄而小，产量低，品质不佳。温度过低，生长缓慢，总产量低，衰老早。

② 光照　豌豆属长日照作物。在低温短日照下，低节位的分枝增多，花芽分化迟。因此，为促进多分枝，早分枝，提高产量，改善品质，应控制在低温短日照下生长为好。

③ 水分　为使豌豆苗鲜嫩，需保证较大的空气湿度和基质湿度。空气适宜湿度为 85% ～ 90%，基质湿度为 60% ～ 70%。

④ pH 值　基质适宜的 pH 值为 6.0 ～ 7.0。

（2）育苗盘生产

① 制定生产计划　以日光温室立体苗盘栽培豌豆苗为例，制定生

产计划如下（表4-2）。

表4-2 日光温室豌豆苗立体苗盘生产计划（以每亩栽培面积计）

项目	内容
栽培季节	春季；冬季；夏秋季；周年
品种选择	白玉豌豆、日本小荚豌豆、青豌豆、花豌豆、麻豌豆等
播种时间	春季：3～6月；冬季：11月～翌年2月；夏秋季：7～9月
用种量	400～500g/盘 × 盘数
生长周期	8～10d，多者12～15d
采收标准	苗高12～15cm，芽苗浅黄绿色，整齐一致，顶部复叶刚刚展开，茎端7.0～8.0cm柔嫩鲜嫩
预期产量	1000～1500g/盘 × 盘数
毛收入	1.40～2.10元/盘 × 盘数

② 操作步骤　豌豆苗立体育苗盘生产操作步骤见图4-7。

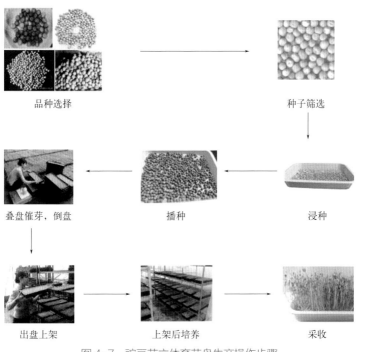

品种选择　　　　　　　　　　　　　　　　　种子筛选

叠盘催芽，倒盘　　　　　　播种　　　　　　浸种

出盘上架　　　　　　上架后培养　　　　　　采收

图4-7　豌豆苗立体育苗盘生产操作步骤

③ 日常管理　豌豆芽苗菜立体育苗盘生产管理要点见图 4-8。

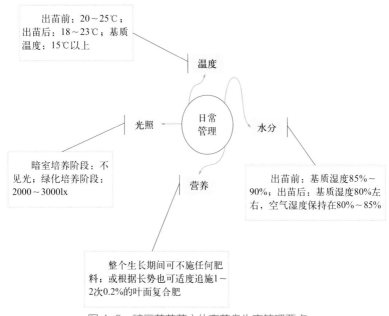

图 4-8　豌豆芽苗菜立体育苗盘生产管理要点

（3）席地生产　席地生产的方法比较简单，单位面积产量较高，适用于大面积生产。

① 种子处理　豌豆苗席地生产需要的品种，以及选种和浸种过程均与育苗盘生产相同。为了缩短生产周期，浸好种后还应催芽至露白再播种，这样生长效果较好。一般的做法是：将浸好的种子放在育苗盆里，实行保温（22～25℃）、保湿（空气湿度为 80% 左右）、遮光（或在暗室内）催芽，每隔 6h 用清温水淘洗一次，同时进行倒盆（翻动种子），1d 后即可露白，露白后及时播种。

② 苗床准备　在平地上用砖砌成宽为 1.0m、深为 10cm、长度视情况而定的苗床，床内铺 5.0～8.0cm 厚的干净细沙，浇足底水，待水渗下后即可播种。

③ 播种与管理　在苗床上撒一层发芽露白的种子，覆盖 2.0cm 厚的细沙，再覆盖地膜保温保湿。待幼苗出土后，及时揭掉地膜，支小拱

棚保温保湿促其生长。基质干旱时要喷温水，基质温度应保持在15℃以上。

④ 采收 一般在播后10d左右，当豌豆苗具4～5片真叶，苗高达10～15cm，整齐一致，顶部叶开始展开，茎端7～8cm柔嫩未纤维化，芽苗浅绿色或绿色时及时采收。采收的方法是：从苗床一端将砖扒开，然后将豌豆苗由基部剪下，扎把上市。

4.2.2　萝卜芽

萝卜芽菜又称娃娃菜、娃娃缨萝菜、娃娃萝卜菜。

萝卜芽菜品质鲜嫩，风味独特，营养丰富，富含维生素C和维生素A及钙、磷、铁等矿物质。加之适合工厂化生产，经济效益高，清洁无污染，易于达到绿色食品标准而深受生产者和消费者的欢迎。

萝卜苗可席地做畦基质栽培，也可利用育苗盘进行立体或席地栽培。每个生产周期为5～7d，最多为10d。

（1）对环境条件的要求　萝卜芽菜生长的最低温度为14℃，最适温度为20～25℃，最高温度为30℃。基质适宜湿度为60%～80%。基质的pH值为5.3～7.0。

（2）育苗盘生产　用育苗盘生产萝卜芽，既可摆盘上架进行立体栽培，也可席地平摆育苗盘栽培。所用的基质有珍珠岩、细沙或经过处理的细炉渣等，也可只铺一层报纸（图4-9）。

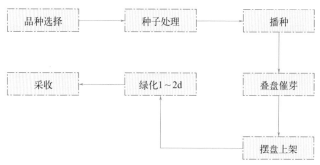

图4-9　萝卜芽菜育苗盘生产操作流程

① 品种选择　不同品种的萝卜籽都可用来生产芽苗菜，其中以红皮水萝卜籽和樱桃萝卜籽较为经济。但为了保证生长迅速、幼芽肥嫩，选用绿肥萝卜种子最佳。

② 种子处理　选用种皮新鲜、富有光泽、籽粒大的萝卜一年生新种子，将其水选去瘪去杂。用 25～30℃的温水浸种，夏秋 3～4h，冬春6～8h，种子充分吸水膨胀后捞出稍晾一会儿，待种子能散开时播种。

③ 播种　清洗苗盘，盘底铺 1～2 层纸（白棉布），用水浸湿，将种子均匀撒在纸上。播种量为 500～650g/m²。

④ 叠盘催芽　将 10 个播种后的苗盘上下摆叠在一起，置于温室适温处催芽。每天应对种子喷水 1 次，并进行 2～3 次翻倒。

⑤ 摆盘上架　待种子露白后，将苗盘移至培养架上，在黑暗处培养。

⑥ 见光绿化　采收前绿化 1～2d。

⑦ 采收　采收标准为下胚轴高 10～12cm，子叶展平，叶子肥厚翠绿，轴红根白，有清香气味。

（3）席地生产（图 4-10）

图 4-10　萝卜芽菜席地生产操作流程

① 平地做苗床　将生产地块铲平，用砖砌成宽为 0.8～1.0m、深为 12cm、长不限的苗床，在苗床内铺 10cm 厚的干净细沙，用温水将沙床喷透后即可播种。一般播种量为 150～200g/m²，均匀撒播，播种后盖上 1.0cm 厚的细沙，再覆地膜进行保温保湿催芽。在 15～20℃的温度下，2d 可出苗。

② 苗床管理　播种 2d 左右，种子开始拱土，此时要及时揭掉地膜，揭地膜的时间应在傍晚。然后喷淋湿水，使拱起的沙盖散开，以助幼芽出土。芽苗出土后，搭小拱棚覆盖塑料薄膜，以保持其生长的黑暗环境。为了使芽体粗细均匀，快速生长，每次喷淋需用室温水，而且喷

水不可太多，以防烂芽，诱发猝倒病。也不宜过干，以免幼苗老化，降低品质。

萝卜种子在发芽出苗期，应保持 15 ~ 20℃的温度。幼苗采收前 1 ~ 2d 可见光生长，进行绿化。

③ 采收　萝卜苗大小都可食用，所以采收时间不严格，但从商品角度考虑，还是以真叶刚吐心时采收为最好。

4.2.3　绿豆芽

绿豆芽是用绿豆种子在无光、无土和适宜的温、湿度条件下萌发，至子叶未展开时的芽苗为产品的芽菜（图4-11）。食用部分主要是胚轴，未展开的子叶也可食用。一年四季均可栽培，是全年均衡供应的主要芽菜。

种子

芽苗

图 4-11　绿豆芽

（1）对环境条件的要求

① 温度　绿豆发芽期适宜温度为 20 ~ 25℃，生长期适宜温度为 25 ~ 30℃。

② 光照　绿豆为短日照植物，但对日照长短不敏感。

③ 湿度　基质相对湿度为 70% ~ 80%，空间相对湿度为 80% ~ 85%。

④ 基质 pH 值　基质适宜的 pH 值为 6.5 ~ 7.0。

（2）容器生产（图 4-12）

① 品种选择　绿豆的品种较多，而且都可以用来生产绿豆芽，其中以明绿和毛绿两个品种较好。生产绿豆芽必须用当年生产、籽粒饱满

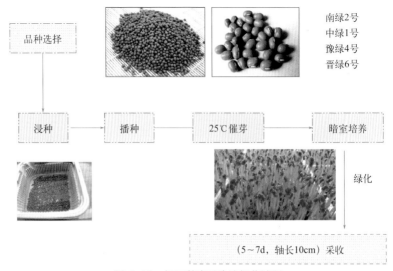

南绿2号
中绿1号
豫绿4号
晋绿6号

浸种 → 播种 → 25℃催芽 → 暗室培养

绿化

（5～7d，轴长10cm）采收

图4-12 绿豆芽容器生产操作流程

的种子，在对种子去杂去劣的同时，还要剔去籽粒小、皮皱坚硬的硬实种子。

② 栽培容器 需要的容器根据生产量确定，生产量少的可用育苗盘或育苗盆，生产量大的可用缸、大木桶或发芽池。所用的容器底部必须有排水孔，还需要麻袋、草帘或塑料薄膜等覆盖物。

③ 生产步骤 将选好的种子用清水洗净，在浸种池内用 25 ~ 30℃的清水浸泡 6 ~ 7h，待种子充分吸水膨胀时捞出，用清水淘洗干净，在育苗盆内平铺 10 ~ 12cm 厚，盖上保湿物，在 25℃、黑暗条件下催芽，每隔 4 ~ 6h 用清水淘洗一次，保持种子的湿度，并充分翻动种子，俗称倒缸（倒盆），使上下、内外温、湿度均匀。当种子发芽后，则每隔 4 ~ 6h 用温清水喷淋一次，这时不可再淘洗，也不用再倒缸（倒盆），以防损伤芽体。喷淋时要缓慢、均匀，不可冲动种子，同时要打开排水孔，直到将多余的水彻底排出，方可堵上排水孔，及时盖上覆盖物继续培养，每天早上将排水孔堵上再喷淋，在不冲动种子的情况下，让种子都淹没在水中，随时将漂浮的种皮清除，打开排水孔将水排净，继续遮光培养。一般经过 5 ~ 7d，即可采收上市。

④ 采收方法　用手轻轻地将容器内的绿豆芽从表层开始一把一把地拔起，洗去种皮后包装上市。绿豆芽菜的采收标准为：胚轴长8.0～10cm，洁白，粗壮；子叶未展开，绿色。

（3）席地生产　绿豆芽的生产，也可以采用席地做苗床、沙培法培养的方式（图4-13）。这种生产方式的优点是产量高，品质好，生产周期短。缺点是收获和清洗时较费工。

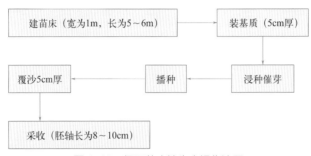

图4-13　绿豆芽席地生产操作流程

① 建造苗床　在温室内做宽为1.0m、深为12cm、长为5.0～6.0m的苗床，再铺上干净的5.0cm厚的细沙，盖上地膜，苗床升温后播种。

② 种子处理　按每平方米苗床10kg的量选好种子，用25～30℃的水浸种8～10h，待种子充分吸水膨胀时捞出洗净，放在20～25℃的条件下保湿遮光催芽，种子露白后播种。

③ 播种与管理　播种前将覆盖苗床的地膜揭开，按每平方米用5kg温水的量喷淋苗床，待水渗下后，按每平方米苗床用种10kg的量将露白的种子均匀地撒在苗床上，播后覆盖细沙5.0～6.0cm厚，随后盖上地膜，保持温度在22℃左右。绿豆芽生长较快，需水分较多，苗床必须保持潮湿，平时要喷温水，但不能积水，否则会烂芽。

④ 采收　一般播种5～7d后，幼芽开始拱土，这时芽长8.0～10cm，幼芽粗壮白嫩，豆瓣似展非展，是收获的最佳时期。采收太早产量低，采收过晚，幼芽的子叶展开变绿影响质量。采收时先从畦的一端将沙子扒开，将绿豆芽一把一把地拔出来，边扒沙子边拔绿豆芽，直到拔完为止。最后将绿豆芽用清水洗净包装上市销售。

4.2.4 花生芽

花生种子发芽后可作为芽菜食用，其产品除口感清脆、柔滑香甜、风味独特外，还因其所含蛋白质由贮藏蛋白转化为结构蛋白，更易被人体吸收，有利于人体健康，而被誉为"万寿果菜"。花生芽菜的培育技术如下文所述（图4-14）。

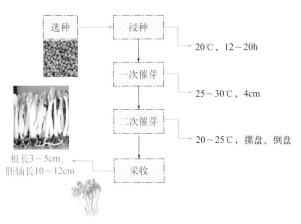

图4-14　花生芽育苗盘生产操作流程

（1）选种　应选当年产花生，在种子剥壳时将病粒、瘪粒、破粒剔除，留下粒大、饱满、色泽新鲜、表皮光滑、形状一致的种子。

（2）浸种　花生种子在吸水量达自身重量40%以上时，才能开始萌动。但浸种时间不宜过长，在20℃的清水中，一般浸种12～20h。浸种完毕后，在清水中淘洗1～2次。

（3）一次催芽　花生种仁在10℃时不能发芽，最适发芽温度为25～30℃，经3～4d后发芽率可达95%。催芽时用平底浅口塑料网眼容器或塑料苗盘盛装，种子厚度不超过4.0cm，每天淋水2～3次，每次淋水要淋透，以免种子过热发生烂种。

（4）二次催芽　在第一次催芽2～3d后，将催好芽的种子进行一次挑选，去除未发芽的种子，将已发芽的种子进行二次催芽，适宜温度为20～25℃。温度过高，生长虽快，但芽体细弱，易老化。温度过低，则生长慢，时间长易烂芽或子叶开张离瓣，品质差。花生芽生长期间始终保持黑暗，播种后将苗盘叠起，每 5 盘为一摞，最上面放一空盘，空盘上盖湿麻袋或黑色塑料薄膜保湿、遮光。在芽体上压一层木板，给芽体一定压力，可使芽体长得肥壮。每天淋水 3 ～ 4 次，务必将苗盘内种子浇透，以便带走呼吸热，保证花生发芽所需的水分和氧气，同时进行"倒盘"。盘内不能积水，以免烂种。6 ～ 7d 后即可采收。

（5）**采收** 发芽时胚根首先伸长突破种皮，同时胚轴也向上伸长、变粗。采收标准为：根长为 3 ～ 5cm，乳白色，无须根；下胚轴象牙白色，长 10 ～ 12cm，粗 0.5 ～ 0.7cm，子叶肥厚，尚未展开。在正常情况下，一般每 1kg 种子可产 3kg 花生芽。

4.2.5　香椿芽

香椿种子千粒重为 10 ～ 12g，平均单粒重为 0.011g，播后 20 ～ 25d 芽苗单株重为 0.10 ～ 0.12g，生物产量为种子重量的 10 倍，生物效率高于常规蔬菜。

采用多层立体基质栽培，人工调控环境，利用香椿种子萌发出的种芽代替传统的树芽，产量高，可分批播种，陆续上市，产品品质较树芽更为柔嫩，风味与其相仿，尤其冬季供应，清香四溢，味道更美，是一项值得推广的绿色芽菜生产技术。

以立体盘栽为例，香椿芽栽培技术如下所述（图 4-15）。

（1）栽培季节和品种选择

① 季节　早春、晚秋和冬季均可。

② 品种　可选红香椿或绿香椿。

（2）种子处理和播种

① 种子处理　挑选发芽率在 85% 以上，纯度高，籽粒饱满、无污染的新种子。用手搓掉种子上的翅，清水洗净后，用 25 ～ 30℃的水浸种 12h。捞出沥干水分，装入纱布袋中，置于 20 ～ 25℃下催芽。每天用温水淘洗 1 次，经 3 ～ 4d，待芽长 0.2 ～ 0.5cm 时即可播种。

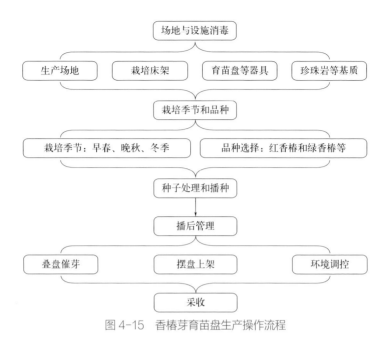

图 4-15 香椿芽育苗盘生产操作流程

② 播种 播种前将基质装入育苗盘，浇透水，播后覆盖一薄层基质，然后再喷一次水，使之完全湿透。

（3）播后管理

① 叠盘二次催芽 将播好的育苗盘叠放在一起，15～20 盘为一摞，叠放时要相互交错，上下盘之间留一定空隙，以利于通气，保证芽苗正常呼吸。

② 暗室培养 播后 2～3d 芽苗就可出齐，适时将育苗盘移至栽培架上。栽培室内的温度保持在 25℃左右，湿度 85% 以上。每天喷水 2～3 次。

（4）采收 播后 20～25d，当苗高 10cm 左右，尚未木质化，子叶平展、肥大，心叶未长出时便可采收，此时单株重 0.10～0.12g。

4.2.6 刺嫩芽

刺嫩芽为多年生木本植物，秋季落叶后芽进入深休眠状态，需经一定时期的低温才能萌发。因此，冬季采收刺嫩芽枝条的时间应在芽解除休眠期之后进行。辽南地区可在 11 月末进行，辽北地区可在 11 月上、中旬进行。采下的枝条，要尽快使用，不可风干。

刺嫩芽芽菜的生产过程

冬季刺嫩芽生产要求温室保温效果好，温、湿度易控制，一般农用普通温室也可。芽菜生长要求温室最低温度在 5℃ 以上，最高不超过 35℃，室内日均气温 20℃ 左右。湿度应控制在 70% ～ 80%。自然光照。

（1）无基质水插（图 4-16） 先在温室、大棚内沿南北向做栽培槽，宽度为 1.0m，深度为 20cm，长度依设施跨度而定，槽内铺 1.8m 宽的硬塑料，以便贮水。槽与槽之间留 40 ～ 50cm 宽的作业道。

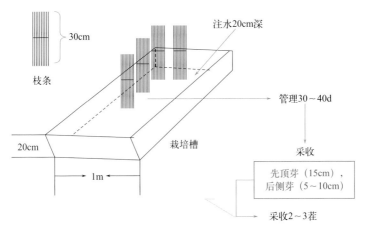

图 4-16　刺嫩芽体芽菜的水插生产示意图

将刺嫩芽枝条剪成 30cm 左右长，消毒处理后，每 50 个捆成一捆，竖直放入栽培槽内，摆放量为 800 ～ 1000 个枝条 /m^2。枝条放满一槽后，向槽内注水 20cm 深，正常管理 30 ～ 40d，当顶芽伸长至 15cm 以上时采收。顶芽采摘后侧芽相继伸长，当侧芽长到 5.0 ～ 10cm 时再次采收。采后将枝条清除，进行下一茬芽菜生产。冬季可生产 3 茬芽菜。

（2）有基质畦插（图 4-17） 先在温室内沿南北向做栽培畦，畦宽为 1 ～ 1.2m，深为 20cm，长度依温室跨度而定。畦与畦之间留 40 ～ 50cm

宽的作业道。畦内衬 0.15mm 厚塑料薄膜，填入 20cm 厚的基质，基质可用河沙、细炉渣、蛭石＋珍珠岩、木屑等。基质填好后用直径 1.5cm 的尖木棍在畦床上每平方米均匀打出 20 个深孔，要求一定要刺透薄膜，以便渗水。

将刺嫩芽枝条剪成 15 ～ 20cm 长的插段，将插段竖直插入基质中，深度为 12 ～ 15cm，每平方米可插枝条 500 ～ 800 个，带顶芽和无顶芽的插段要分开插，以便管理和采收。插满后，浇一次透水，以便让枝条与基质充分接触。一般正常管理 30 ～ 40d 可采收。采收 1 ～ 2 茬后，清除插条，进行下一批生产。

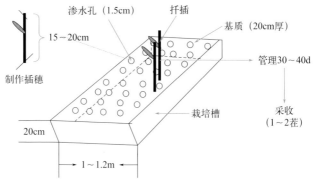

图 4-17 刺嫩芽体芽菜的基质畦插生产示意图

参考文献

[1] 李小晶，袁信，李雅凤.日光温室草莓固体无土栽培技术 [J].陕西农业科学，2010（5）：234.

[2] 张学良.日光温室辣椒有机生态型无土栽培技术 [J].甘肃农业科技，2011（11）：3.

[3] 刘丰，张志君，霍忠臣.草莓无土栽培技术 [J].农民致富之友，2011（11）：5.

[4] 任玉江，盛云芳，代会琼，等.甜瓜新型简易无土栽培技术 [J].云南农业科技，2012（1）：40-43.

[5] 彭世勇，马威.基质槽培设施建造技术 [J].上海蔬菜，2017（1）：69-70.

[6] 彭世勇，马威.立体管道水培设施制作技术 [J].上海蔬菜，2017（2）：80-81.

[7] 彭世勇，马威.几种管道水培设施制作技术 [J].长江蔬菜，2017（2）：12-13.

[8] 颜志明.无土栽培技术 [M].北京：中国农业出版社，2017.

[9] 秦新惠.无土栽培技术 [M].重庆：重庆大学出版社，2018.

[10] 彭世勇.空心菜有机生态型基质槽培技术 [J].上海蔬菜，2019（4）：26-27.

[11] 彭世勇，马威.苦苣菜有机生态型立体盆式基质栽培技术 [J].长江蔬菜，2019（4）：16-18.

[12] 彭世勇.樱桃番茄有机生态型基质袋培技术 [J].长江蔬菜，2021（4）：40-42.

[13] 郭世荣.无土栽培学 [M].北京：中国农业出版社，2022.